NHK「今日的料理 Beginner's」

超圖解新手料理課

從洗菜、切菜到下鍋、調火候，
新手必學的廚房基本功與基礎料理

積木文化

料理教室開課囉！

高木初江
生於滋賀縣近江八幡市，78 歲。除了母親傳授的日本料理、從烹飪學校學得的中華料理之外，還自學西洋料理，是一位擅長義式料理、法式料理、亞洲料理的料理達人。

感謝各位長久以來對 NHK《今日的料理 Beginner's》節目以及雜誌的支持。

我是講師高木初江。本書的料理教室將以淺顯易懂的方式，仔細地解說料理的基本技巧。希望大家學習時都能樂在其中！

○ 準備好了嗎？ 首先，營造下廚做菜的氣氛

從沒下過廚、覺得自己笨手笨腳……如果你是這樣的人，請先從穿著開始吧。何不穿上自己喜歡的圍裙，添購新的調理用具？總之，將自己切換成下廚模式，營造烹飪做菜的氣氛吧！

○ 第一次下廚， 先依照食譜指示去做

每個人的口味都不一樣，但如果總是隨興為之，廚藝是無法進步的。調味料的用量、食材分量、烹調順序、加熱多久等都是息息相關。例如醃漬蔬菜時，若因為不想吃太鹹而減少鹽的用量，可能會讓成品變得水爛，不夠青脆，甚至出現澀味而搞砸。因此，請先依照食譜指示去做吧，等你學會基本技巧後，再自由發揮囉！

不要這個想做、那個也想做，
先老老實實一道一道學會吧！

一邊看著食譜一邊做菜，其實很不容易；同時間要做好幾道菜，對初學者來說壓力也不小。所以別太貪心想要一下子挑戰所有菜色，還是先一道一道好好學吧。「熟能生巧」，你的拿手菜會一點一滴地增加的。

小不點

初江奶奶的愛貓。
是罕見的三色公貓。

齊藤敏子

初江奶奶的長女，42歲，就住在初江奶奶家附近。很愛吃，但很不會做菜。

齊藤茜

敏子的長女，10歲。
小學四年級生。

齊藤翔太

敏子的長男，8歲。
小學二年級生。

齊藤真

敏子的老公，45歲。
在百貨公司上班。

CONTENTS

NHK「今日的料理 Beginner's」
超圖解新手料理課

002 〈家庭教室〉
　　　料理教室開課囉！

使用本書的注意事項

● 本書所使用的調理器具、量杯、量匙等，於 P.8 ～ 13 皆有詳細說明，請先行確認。

● 使用微波爐等廚房家電時，請詳閱說明書後正確使用。本書中所標示的微波爐加熱時間，是以 600W 的火力計算。700W 的話約為 0.8 倍，500W 的話約為 1.2 倍，加熱前請先確認清楚。

第 1 堂課
基本用具與料理須知

008 準備器具
012 正確計量
014 備齊調味料
018 火力調節與水量調整

第 2 堂課
食材的事前處理

020 **蔬菜的事前處理**
　　高麗菜
　　蒜香高麗菜沙拉
022 洋蔥
　　洋蔥薄片沙拉
024 胡蘿蔔
025 馬鈴薯
026 青椒、紅椒
　　青椒涼拌鹹海帶
027 番茄、小番茄
　　番茄沙拉
028 小黃瓜
　　小黃瓜涼拌芝麻鹽
029 南瓜／茄子／苦瓜
030 萵苣／西洋芹
　　萵苣涼拌海苔沙拉
031 綠蘆筍／荷蘭豆／四季豆
032 小松菜、菠菜／青江菜／綠花椰菜
033 蕪菁／白菜
　　涼拌辣白菜
034 蘿蔔
035 牛蒡／蓮藕
036 山藥
　　山藥佐山葵醬油
037 芋頭

038 生薑／大蒜
039 蔥、細蔥
040 香菇／鴻喜菇／金針菇
041 豆芽菜／水菜／巴西里／青紫蘇
042 **肉類的事前處理**
　　雞肉（雞腿肉／雞胸肉／雞柳）
044 雞肉（小翅腿、雞翅／雞肝／雞
　　胗）
046 豬肉（小肉片／五花肉／里肌肉
　　／肩里肌肉）
047 牛肉（邊角肉）
048 絞肉（豬絞肉／雞絞肉／牛絞肉
　　／綜合絞肉）
050 *海鮮的事前處理*
　　魚塊（鮭魚／鱈魚／鯛魚／銀鱈
　　／旗魚／鰤魚／鯖魚）
052 竹莢魚
053 秋刀魚
054 烏賊
055 蝦子
056 生魚片（鮪魚／鯛魚／水煮章魚
　　腳）
　　生魚片拼盤
057 蛤蠣／鮪魚罐頭
058 **豆腐的事前處理**
　　豆腐／油豆腐皮／油豆腐
　　鹽蔥醬涼拌豆腐
060 乾貨與海藻的事前處理
　　蘿蔔乾／冬粉／羊栖菜／海帶芽
　　切片／烤海苔
062 **蛋的事前處理**

第**3**堂課
烹煮技巧

064 「**煎**」**的基本技巧**
066 嫩煎雞肉佐番茄醬
067 鹽煎雞翅
　　法式奶油香煎鮭魚
068 「**炒**」**的基本技巧**
070 蒜炒青江菜
　　鹽炒豬肉拌豆芽菜
071 味噌炒青椒拌豬肉
　　西洋芹炒牛肉
072 「**煮**」**的基本技巧**
074 馬鈴薯燉肉
075 燉芋頭
　　味噌鯖魚
076 「**炸**」**的基本技巧**
078 炸雞塊
079 炸豬排
080 「**蒸**」**的基本技巧**
082 豬肉燒賣
083 蒸雞肉佐馬鈴薯
　　茶碗蒸
084 「**汆燙／水煮**」**的基本技巧**
086 水煮蛋的方法（水煮蛋／溫泉蛋）
087 麵類的煮法和冷卻法（義大利麵
　　／蕎麥麵／烏龍麵／麵線）
088 水煮蘆筍佐溫泉蛋
　　奶油豆芽拌甜玉米

089 水煮魷魚拌細蔥
　　青菜肉片淋蔥醬
090 「**拌**」**的基本技巧**
092 小松菜拌芥末
　　豆腐拌花椰菜沙拉
093 涼拌四季豆
　　醋漬章魚佐小黃瓜
094 「**炊飯**」**的基本技巧**
096 三角飯糰
097 海鮮散壽司
　　濃稠五分粥
098 「**煮高湯**」**的基本技巧**
099 海帶和柴魚片的「當座煮」
100 蘑菇味噌湯
　　麩皮鴨兒芹清湯
101 雞湯麵線

102 〈休息時間〉
　　容易誤解的「烹飪用語」

第4堂課
學會人氣料理

104　**肉類的人氣食譜**
　　　薑燒豬肉
105　薑燒蔥鹽豬肉
106　照燒雞腿
107　嫩煎雞肉佐芝麻醬
　　　蒲燒風海苔捲雞柳
108　韓式燒烤雞肝佐蔬菜
109　黑胡椒雞胗
110　鮮嫩多汁漢堡肉
111　日式豬肉煎餃
112　汆燙白肉
113　炸豬肉丸
　　　海苔雞翅
114　**海鮮的人氣食譜**
　　　香料竹筴魚佐番茄醬
115　烤魷魚
　　　鮮蝦炒蘆筍
116　煮秋刀魚／鰤魚煮蘿蔔
117　番茄辣醬鮮蝦
118　義式水煮鱈魚
119　炸竹筴魚
120　**豆腐的人氣食譜**
　　　韭菜豆腐炒豬五花
121　麻婆豆腐
122　煎豆腐／照燒油豆腐
123　腐皮福袋

124　**蛋的人氣食譜**
　　　歐姆蛋
125　義式烘蛋
126　玉子燒
127　滑蛋荷蘭豆／溏心蛋
128　**蔬菜的人氣食譜**
　　　馬鈴薯沙拉
129　水菜鰤仔魚沙拉
　　　牛蒡沙拉
130　苦瓜炒豬肉
131　小松菜炒香腸
　　　培根拌炒牛蒡絲
132　魚香茄子
133　西洋芹煮油豆腐皮
　　　南瓜煮
134　煎漬蔬菜
　　　泡菜風味高麗菜
135　醃小黃瓜
　　　胡蘿蔔咖哩泡菜
136　**乾貨的人氣食譜**
　　　冬粉沙拉
137　煮羊栖菜／醬漬蘿蔔乾絲拌蔬菜
138　**飯的人氣食譜**
　　　雞肉鴻喜菇炊飯
139　火腿蛋炒飯
140　細卷壽司
141　鮭魚卷壽司
142　**麵的人氣食譜**
　　　義大利香辣麵
143　奶油培根義大利麵
144　醬汁炒麵

145　蘿蔔泥梅乾蕎麥涼麵
　　　油豆腐皮水菜烏龍涼麵
146　**湯品的人氣食譜**
　　　雞丸子蘑菇湯
147　蘿蔔豬肉湯／蛋花湯
148　蛤蠣濃湯
149　義式蔬菜湯
150　西洋醋湯
　　　玉米濃湯

第5堂課
醬汁&醬料

152　**調製「日式醬汁」**
　　　和風黑醬
　　　和風黑醬炒雞肉
153　萬能大蒜醬油
　　　鹹甜花生醬
154　**手做「西式醬料」**
　　　白醬
155　牛奶燉煮鮮蝦蕪菁
　　　紅酒醬

156　〈放學後〉
　　　新手的「菜單」教學
　　　新手易犯的「NG＆失敗」

158　素材料理索引

第 **1** 堂課

基本用具與料理須知

開始下廚之前,你必須先了解一些基礎知
識,例如該準備的器具、調味料等。這些
是基本中的基本,能幫助你不失敗地做出
美味料理,一起來確認一下吧!

準備器具

工欲善其事，必先利其器，準備合適的器具才能好好做菜。以下要介紹必備器具、適合初學者使用的尺寸、特徵，以及挑選的重點等。

【砧板】

切割食材、進行調理作業的板子。處理 2 人份食材，25×37cm 尺寸就可以了，而且厚一點的砧板會比較堅實耐用。初學者可以使用容易清潔保養的樹脂製品。

【菜刀】

第一把菜刀，我推薦使用日本的「三德刀」。它適合切肉、魚、蔬菜、麵包等，是什麼都能切的萬用刀。刀刃的長度為 18 ～ 20cm，材質為不易生鏽的不鏽鋼，非常適合初學者。選擇一把厚度重量都合適的刀刃，會比較容易上手。

18 ～ 20 cm

【削皮器】

削皮的專用器具。建議初學者挑選刀刃呈水平狀，輕巧、好握的產品。

【廚房剪刀】

用來剪開薄的、硬的、有腥味的食材，非常方便。請挑選握把夠寬且好握、刀刃可以打得很開且容易活動、拿起來不會太輕的剪刀。

如何正確、安全的使用菜刀

切菜時，為安全起見，首先要固定好砧板。請先把抹布弄濕，擰乾後鋪開，墊在砧板下面。一手牢牢握住菜刀的刀柄，且握在接近刀刃的地方，另一隻手手指微彎地按住食材。伸直背脊，仔細看好再切。

砧板下面鋪上濕抹布。

手指微彎地按住食材。

Q 調理器具愈貴愈好用嗎？

【平底鍋】

可以用來烹煮各式各樣的料理。2 人份可以使用直徑 24～26cm 的鍋子，如果能再有一把稍小的 18～20cm 平底鍋會更好。初學者宜選用不沾鍋巴、容易清洗、表面經過加工處理的產品。鍋蓋則以可看見鍋中物的耐熱透明玻璃製為佳，且大小要符合鍋子的尺寸。

透明鍋蓋

平底鍋

稍小的平底鍋

【湯鍋】

從事前處理到烹煮完成，湯鍋都是不可或缺的。基本上要準備一口直徑 20～22cm 的兩手鍋，但最好再多準備一口直徑 16～18cm 的小型單柄鍋（或兩手鍋）。請選用厚料不鏽鋼製品，會比較堅實耐用。鍋蓋則要與鍋身尺寸吻合，最好有點重量。

湯鍋

稍小的湯鍋

鍋蓋

 不一定。請實際拿在手上試試，挑選重量適合、順手的就行了。

【調理盆】

蔬菜的事前處理、混合攪拌食材等,一定要用到調理盆。請準備大中小三種尺寸。2 人份的話,建議使用直徑約 26cm、22cm、16cm 的產品。材質以輕巧又堅固的不鏽鋼製才適合初學者。

【平底方盤】

用於預先調味肉、魚,或是裹上麵衣時。和調理盆一樣,請準備大中小三種尺寸較方便。兩塊稍大的肉可以放進 24×18cm 的中型盤中,然後再準備一個稍大和一個稍小的平底盤即可。

【濾網】

可以根據不同用途準備不同類型的濾網,而且每一種都準備大、小各一。大的請選擇可以穩定放在桌面使用的產品;小的則選用有把手,可以手持的較方便。

濾網請挑選尺寸適合調理盆和湯鍋的產品

將水分瀝進調理盆中,或是將湯汁濾進湯鍋中時,就得使用濾網。請先確認調理盆和湯鍋的尺寸,再挑選可以放得進去的濾網。大濾網適合放在大調理盆中,帶柄的小濾網最好可以放得進湯鍋中。

Q 可以用普通的筷子或免洗筷來取代烹飪用的長筷嗎?

【長筷子】

調理或盛盤時用的烹飪專用長筷子。它比一般的筷子更長，手比較不會被燙到。建議使用重量輕且不滑、好挾的竹製品。

【夾子】

較大塊、質地滑溜等用長筷子挾不起來的食材，用夾子就沒問題了。長柄且輕巧的類型比較好用。前端附有耐熱矽膠的夾子可以用於表面有加工處理的平底鍋。

【磨泥器】

磨泥器的材質與形狀五花八門，初學者可選用下面附有稍大盛盤的產品。

【木匙】

有各式各樣的形狀，初學者選用前端較平，呈圓弧狀這種形狀簡單的就好。長柄的木匙烹調時比較方便。

【橡皮刮刀】

刮刀部分要有一點彈性，握柄要好拿。高耐熱的矽膠產品也可用來快炒。最好準備大小二支才方便。

 使用普通筷子的話，筷子上面的塗層可能會剝落，而且普通筷子的長度較短，不適合用來烹調食物。

正確計量

分量弄錯了，就不可能煮出美味的料理。調味時尤其要正確掌握。請先學會正確使用量杯和量匙的方法吧。

【量匙】

1 大匙＝ 15ml　　1 小匙＝ 5ml

【量杯】

1 杯＝ 200ml

用量匙計量

粉狀

◉ 1 大匙（小匙）

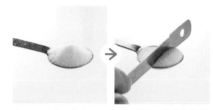

先用量匙舀起呈小山狀的食材（左圖），再將小山刮成水平狀（右圖），這就是「刮平」。

◉ ½ 大匙（小匙）

依 1 大匙（小匙）的要領刮平後，再縱向對半劃出一條線（左圖），然後挖掉一半的分量（右圖）。

液體

◉ 1 大匙（小匙）

將量匙呈水平狀拿好，慢慢倒進液體，直到滿至邊緣、再多就會溢出來的狀態為止。

◉ ½ 大匙（小匙）

將液體倒至量匙的七分滿。如果只是倒至半滿，分量會太少，這點請特別注意。有些量匙上面會有刻度顯示分量。

量匙組中，最小的那一支是 ½ 小匙！

三支一組的量匙組，除了大匙、小匙外，還有一支能夠計量 ½ 小匙（2.5ml）的小湯匙，如果把它誤以為是「小匙」的話，分量就會太少，請注意。

Q 計量調味料的分量時，能用一般的湯匙嗎？

糊狀物

● 1 大匙（小匙）

先用量匙舀起呈小山狀的糊狀物，而且必須壓緊不能有空隙（左圖）。可以利用橡皮刮刀來壓緊量匙，再將表面抹平（右圖）。

● ½ 大匙（小匙）

依 1 大匙（小匙）的要領刮平後，再縱向對半劃出一條線（左圖），然後用橡皮刮刀挖掉一半的分量（右圖）。

用量杯計量

粉狀

● 1 杯

將砂糖、麵粉等粉類鬆鬆地放進去，再將表面抹平。

這樣 NG！

不能用湯匙硬壓！

液體

● 1 杯

將量杯放在水平的桌面，邊看刻度邊倒入液體。

這樣 NG！

如果手拿量杯再倒進液體，由於量杯不是呈水平狀態，不容易計量正確。

用手指計量

● 少許

以拇指、食指抓起來的量。也用於抓一點點撒在食材的表面，以及少量調味時。

● 1 小撮

用拇指、食指、中指這三根指頭抓起來的量。約比 ¼ 小匙少一點，比「少許」多一點。

有電子秤或計時器就多加利用

如果有秤食材重量的電子秤，再加上計時器，就可以正確計算分量和時間，也就不容易失敗了。建議選用數字顯示的電子秤和計時器。

電子秤

計時器

備齊調味料

請將鹽、醬油等不可或缺的「基本調味料」準備好。食譜上經常出現的「其他調味料」，也請依需要準備齊全。

基本調味料

【鹽】

鹽除了可增加鹹味外，還有使食材脫水、便於保存等功能。須留意的是顆粒的大小。細鹽1小匙約6g，粗鹽1小匙約5g。食譜通常都以細鹽為基準，請特別注意。

【醬油】

醬油是用大豆、小麥、鹽、麴為原料，經過發酵、熟成而製成。和鹽搭配使用，可以提升風味。一般提到的醬油，是指「日式濃口醬油」，也就是呈深褐色、用途廣泛的萬用型醬油。而「日式淡口（薄口）醬油」的顏色比較淡，卻更鹹一點。

濃口醬油

淡口醬油

【味噌】

將大豆蒸熟後搗碎，再加上麴和鹽發酵而成。麴是在米、麥、大豆中繁殖麴菌而成，因此依所使用的麴的種類（原料），可分為米味噌、麥味噌、豆味噌等。此外，依顏色可分為紅味噌、白味噌、淡色味噌；依味道（鹽的用量）可分為鹹味、甜味等類型。

味噌和醬油的鹽分比一比

產品不同，鹽分的濃度就不同。平均來說，1大匙醬油的鹽分約等於1½大匙的味噌，相當於½小匙的鹽。根據這個標準就能依個人喜好調整更換調味料了。

1 大匙醬油　＝　1½ 大匙味噌　＝　½ 小匙鹽

Q　聽說調味時必須依照糖、鹽、醋、醬油、味噌這樣的順序來放？

【砂糖】

除了增加甜度，還可以為料理增添光澤、烤出漂亮的焦糖色。若無特別指定，一般的砂糖指的是「細白糖」。細白糖的特徵是白色、顆粒細小、有濕潤感。砂糖容易融化，也有濃郁感。

【味醂】

味醂是一種被歸類為酒的甜調味料，由米和米麴、燒酒或其他酒類製成。市售的日製產品上多標示為「本みりん」，甜味比砂糖更高雅。而「味醂風調味料」的味道近似味醂，但原料和製造方法不同於味醂，酒精成分少，有些還含有鹽分。

【醋】

有以穀物為主原料的穀物醋、以米為原料的米醋、以蘋果汁發酵做成的蘋果醋等，口味眾多。而烏醋是米醋的一種，以獨特的方法熟成、發酵。建議初學者使用穀物醋，因為味道清淡，也比較純粹。

【酒】

可以去除肉類和魚類的腥味，也能讓食材柔嫩，並增添風味。本書食譜上的「酒」指的是日本酒（清酒）。調理用的「料酒」有的含有鹽分，使用前務必確認。

 依料理種類和製作分量而有不同。請依照食譜指示。

其他調味料

【沙拉油】

這是精製後的大豆油，可以生食。沒有異味，用途極廣，堪稱萬用油。

【橄欖油】

用橄欖籽榨出來的油。若用來做沙拉醬或生食用，建議使用香氣怡人的初榨橄欖油。

【芝麻油】

將芝麻炒過後榨出來的油，特徵是香氣宜人。呈透明狀的是芝麻沒有炒過就直接榨出來的「白芝麻油」，又稱「香油」。

【奶油】

將牛奶的脂肪分離出來所製成。分為含鹽和不含鹽兩種。若無特別指定，一般是指含鹽奶油。

【美乃滋】

蛋、植物油、醋、鹽、香料等混合乳化而成。可運用它的濃郁來調理食物。

【中濃醬 *】

在蔬菜、水果中加入調味料和香料而做成的醬汁。濃度和味道都屬於中間等級。

* 編註：或以伍斯特醬代替。

【番茄醬】

番茄的果肉燉爛後，再以鹽、砂糖、醋、大蒜、洋蔥、香料等調味而成。可以直接淋在料理上，也可當成調味料使用。

【蜂蜜】

蜜蜂採集花蜜後，在蜂巢中濃縮而成的糖液。依花的種類不同，顏色、味道、香氣、成分等也不盡相同。

【胡椒】

胡椒果實加以乾燥而成，具有辣味和清爽的香氣。可分為以未成熟果實做成的黑胡椒，以及將成熟果實去皮後做成的白胡椒。

粉末

粗粒

顆粒

【肉豆蔻】

由肉豆蔻科植物種子的胚乳部分做成的香料。去腥效果佳，多用於肉類和魚類料理。

【綜合香辛料（乾）】

由數種乾香料研磨而成。和義大利什錦菜、南法料理非常搭的普羅旺斯香料等都很有名。

  Q 我愛吃辣，所以豆瓣醬放得比食譜上的分量還多，可以嗎？

【芥末醬】

將芥菜籽做成的香辛料「芥末粉」以溫水調成的產品。有刺激性的辣味。

【豆瓣醬】

以蠶豆為原料做成的辣椒醬。特色為有刺激性的辣味和鹹味，以及發酵的風味。

【芝麻粉】

將芝麻炒過後研磨成粉。比炒芝麻的風味更突出，和大部分的調味料都很搭。

【顆粒芥末醬】

將西洋芥菜籽連皮一起搗碎，但保留顆粒狀，再加上醋、調味料製作而成。辣味比芥末醬溫和。

【蠔油】

以牡蠣為原料做成的中華風調味料。味道甜甜鹹鹹、香醇濃郁。

【芝麻醬】

將芝麻炒過後，研磨到呈奶油狀為止。一般使用不加糖的產品。

【花椒粉】

將成熟花椒的果皮加以乾燥後研磨成粉，具有清爽帶刺激性的香氣與辣味。

【甜麵醬】

中華料理經常使用的甜醬。「麵」指的是小麥這個原料，但市面上的甜麵醬多半以大豆醬為基底。

【太白粉】

原本是用樹薯的塊根製成，但現在多以馬鈴薯等澱粉為原料。

【七味粉】

將辣椒、芝麻、罌粟籽、火麻仁、紫蘇籽、花椒粉、陳皮（橘子皮）、青海苔粉等混合而成。成分依品牌而異。

【花生醬】

將花生炒過後研磨成粉，再加上砂糖、鹽和油脂等做成糊狀。有些花生醬保留了花生顆粒（如圖），有些沒有顆粒，有些也不含糖。

【麵粉】

原料為小麥。根據麵筋蛋白（蛋白質的一種）的含量多寡分為高筋麵粉、中筋麵粉、低筋麵粉等。若無特別指定，一般是指「低筋麵粉」。

 辣味可依個人喜好調整。不過，豆瓣醬等含鹽的調味料請不要添加過量。

火力調節
與水量調整

食材沒有完全煮熟、水分不夠而燒焦，火力強度（火力調節）、水或湯汁分量（水量調整）等問題，往往是料理失敗的原因。因此關於火力調節與水量調整，請記住以下三個步驟。

基本的火力調節

○ 大火

火燄還沒跑到鍋子側面、鍋子完全壓在火燄上面。用於煮開水、熱炒到最後收乾水分時。

○ 中火

火燄高度快要碰到鍋底。這是烹調時的基本火力。

○ 小火

火燄高度沒有碰到鍋底。用於燉煮、以少量的水蒸煮時。

○ 使用電磁爐時

電磁爐是利用電磁感應，讓爐面發熱來加熱鍋中的食物。特徵為火力（瓦數）的範圍很大，但火力的數值標示每個廠牌都不盡相同，使用前請詳閱操作說明書。

基本的水量調整

○ 浸泡

食材可以露出水面一點點。用於以少量的湯汁烹煮時。

○ 淹沒

食材剛好被水面淹沒。用於小火慢煮時。

○ 充足

食材完全淹沒在水面之下。燙青菜、煮麵條就要充足的水量，溫度才不會變化太大，也才能煮得美味。

 水和湯汁沸騰時

「沸騰後就轉小火」、「沸騰後再放進去」等，許多烹調的時機必須視水和湯汁的狀態而定。「沸騰」指的是全體咕嚕咕嚕地冒泡的狀態。請務必仔細確認鍋中狀態。

第 **2** 堂課

食材的事前處理

從哪個地方著手？要怎麼切呢？食材的事前
處理讓人困惑的地方真不少。這一堂課將針
對許多常用食材，詳細解說事前處理要點。
請依照圖片，一步步地學習吧！

蔬菜的事前處理

要保留蔬菜的原味，就要學會如何事前處理。這裡以幾種食材為例一一說明，但食譜上就算沒有特別說明，其他食材也都必須清洗後再使用。

【高麗菜】

高麗菜可以生食，可以烤、炒、煮，
都非常好吃。我們就從基本處理方法開始吧。
切高麗菜絲不必慌張，
要訣就是仔仔細細地切。

○ 切成細絲

剝開葉片之後

將高麗菜葉攤開，根部朝向自己，先切開粗大的葉脈，再縱切成 4 等分。

↓

將切成 4 等分的葉片疊起來，橫放，從邊緣開始細切。其他高麗菜也是以同樣方式，先將粗的葉脈切薄後再細切成絲。

○ 從根部剝開

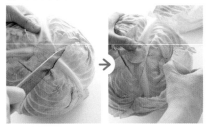

將芯的部分朝上，用刀尖在葉片的根部劃出切口（左圖），再用拇指從切口小心剝下葉片，不要弄破（右圖）。

○ 切成月牙形

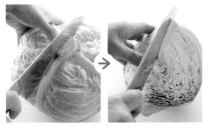

要對切或切成 4 等分時，請先將芯的部分朝上，沿著粗大的葉脈切開來（左圖）。要再繼續切，就從芯的上面垂直切下去即可（右圖）。

○ 去芯

高麗菜切開後，再將芯的部分斜切出來。

○ 切成 5cm 的正方形

將剝下來的葉片攤開，切成 3 ～ 4 等分後疊起來，再切成長寬約 5cm 的尺寸。這大小適合熱炒。

○ 撕開

用手將葉片撕成容易入口的大小。由於切口不整齊，與用菜刀切相比，用手撕更能讓調味料入味。

Q 高麗菜芯丟掉總覺得有些浪費，有其他適合的料理方式嗎？

切成月牙形之後

去掉靠近芯的內側部分,將外側部分從上面壓平。

↓

從較細那一端開始斜切成細絲。由於已經先拿掉內側部分,所以不會太厚,比較容易切成一致的寬度。內側部分也以同樣方式邊按邊切。

○ 切成粗末

高麗菜切成粗條狀(約 5mm 寬),然後斜長地抓住,從邊緣開始切成粗末(約 5mm 寬)。

○ 泡在水裡變脆,再擦乾水分

調理盆中注入充足的冷水,將高麗菜放進去約 20 分鐘變脆(左圖)。然後用濾網撈起來,上下大幅甩掉水分,再用廚房紙巾輕輕抓一抓,吸掉一些水分(右圖)。

○ 揉鹽後擠出水分

將高麗菜放入調理盆中,撒鹽,用手揉捏混拌 1 分鐘,再靜置 10 分鐘。待高麗菜變軟後,用手擠出水分。

做做看!

蒜香高麗菜沙拉

材料(2 人份)
高麗菜 3 ～ 4 片(200g)
蒜末(少許) 芝麻油 2 小匙
醬油 1 大匙 醋 1 大匙

1 將高麗菜泡在冷水中約 20 分鐘變脆,然後把水分擦乾,撕成 5cm 的正方形。
2 擦乾後的高麗菜放入調理盆中,再放進芝麻油和蒜末,用手揉捏混拌約 10 次。再放進醬油、醋,同樣混拌 10 次左右。

1 人份為 70kcal
調理時間為 5 分鐘 *

* 不含高麗菜泡水的時間。

Ⓐ 可放進熱炒料理中,也可當成味噌湯的配料。高麗菜芯較硬,請薄切後再使用。

【洋蔥】

洋蔥經常出現在各種料理中。快炒或做成沙拉時最好
「切成薄片」，拌進肉丸子裡就「切成碎末」。
總之，請學會洋蔥的各種基本切法。
洋蔥很辛辣，生食要先泡水。

纖維的方向
（縱向）

◉ 將頭尾切掉

剝掉表面的薄皮，
再將芯的部分以及
變色的部分切掉。

◉ 沿著纖維方向切成薄片

縱向對切，再將纖
維的方向打直，然
後從邊緣開始切成
薄片。由於保留住
纖維，吃起來口感
會脆脆的。

◉ 切成 1 ～ 1.5cm 的小丁狀

先沿著纖維方向切成 1 ～ 1.5cm 寬，
再換方向像要切斷纖維般地切成 1 ～
1.5cm 寬。這種切法不但能呈現洋蔥的
風味，口感也很讚。適用於熱炒，和西
洋燉菜、湯品等料理。

◉ 切成瓣狀

縱向對切，再將纖
維的方向打直，然
後朝中心呈放射狀
切開。寬度請依料
理需要調整。

◉ 像要切斷纖維般地切成薄片

縱向對切，再將纖
維的方向打橫，開
始切成薄片。用這
種切法，洋蔥馬上
就變軟了。

◉ 泡水

調理盆中注入充足
的冷水再放進洋
蔥，靜置 20 分鐘
（新鮮洋蔥約 5 分
鐘）。這樣不但可
以去除辛辣，口感
也會更好。

◉ 去掉水分

洋蔥用濾網撈起，
攤開靜置片刻，讓
水分自然風乾。如
果急著用，就用廚
房紙巾擦乾。

冷藏在冰箱裡，
就不會讓人流眼淚了

切洋蔥會切到流眼淚，是因為洋蔥
細胞被破壞時會產生刺激性味道和
辛辣的成分，刺激了眼睛和鼻子。
但如果溫度降低，這些成分就不會
散發出來，因此切洋蔥之前，不妨
先冷藏一下。此外，用鋒利的菜刀
小心切，不要破壞洋蔥的細胞，就
不會邊切邊流眼淚了。

Q 將洋蔥切碎很麻煩，能使用刨切器嗎？

● 切成碎末

縱向對切後,沿著纖維方向切成 2～3 mm 寬,但不要完全切開,讓靠近根部的一端連結著。

換個方向將纖維打橫,再將菜刀呈水平方向橫切 3～4 刀。

像要切斷纖維般地從邊緣開始細切。靠近根部的連結部分則沿著纖維方向切成 2～3mm 寬,再從邊緣開始細切。

● 切成粗末

切成稍粗一點的碎末。也就是依照「切成碎末」的方法,但切成 4～5mm 寬。粗末的口感和風味會更突出。

● 撒鹽

將洋蔥放在調理盆中,再放入鹽混拌,靜置 10 分鐘。撒上鹽能去除洋蔥的辛辣和多餘的水分。

● 擠乾水分

雙手捧起洋蔥,然後用力握住,將水分擠乾。擠乾水分後,做成餡或肉丸子時,就不會水水的了。

做做看!

洋蔥薄片沙拉

材料(2 人份)
洋蔥 1 個　醬油 1 大匙
柴魚片 5g

1 將洋蔥的頭尾切掉,然後縱向對切,再沿著纖維方向切成薄片。泡水約 20 分鐘後,放在濾網中瀝乾水分。
2 盛盤,淋上醬油,放上柴魚片。

1 人份為 45kcal
調理時間為 5 分鐘 *

* 不含泡水、瀝乾水分的時間。

 用刨切器會出水,這樣就不能用來做漢堡肉了。慢慢切就會愈切愈順手,加油!

【胡蘿蔔】

胡蘿蔔鮮豔的橘紅色，能為料理增添亮點。
由於它屬於偏硬、不容易熟透的食材，
必須依照食譜指示，將形狀、大小、厚度皆切成一致。

◉ 清洗

放進水中，用刷子將表面的泥土和髒污刷掉，若不削皮更須徹底洗淨。

◉ 削皮

用削皮器來削皮比較方便。縱向拿著胡蘿蔔，從較粗的那一端垂直削下去。

◉ 切成滾刀塊

從胡蘿蔔的尖端斜切，然後朝自己轉九十度後，再繼續斜切。這種切法的切口比較大，容易煮熟與入味。

◉ 切成圓片

胡蘿蔔打橫，將切面切成圓形。切成厚片適合燉煮，切成薄片則適合做成沙拉或醃漬物等。

◉ 切成半圓形

切成圓片後再對半切開。這種切法容易煮熟，適合用來煮食。也可以先縱切開，再從邊緣開始切。

◉ 切成扇形

先切成圓片狀之後

切成圓片狀後，再繼續切出「十」字形。適合煮湯或拌菜。

先縱向切成 4 等分之後

要切成薄薄的扇形時，可以先縱向切成 4 等分，再切成薄片。縱切對半後再並排一起切，就很容易切得漂亮了。

◉ 切成寬 1cm 的條狀

先切成容易入口的長度，再縱向切成1cm 寬，然後沿著纖維方向再切出1cm 寬。適合做成泡菜或燉物。

◉ 切成長條形

先切成容易入口的長度，再縱向切成1cm 寬，然後沿著纖維方向切成薄片。這種切法容易煮熟，適合熱炒。

◉ 切成細絲

先從尖端斜切成薄片。

再將薄片有點錯開地重疊起來。這樣連邊緣的部分就會很容易切。

從邊緣開始細切。注意寬度和厚度須一致才會漂亮。這種切法有咬勁，也容易煮熟，適合用於沙拉和熱炒等。

  為什麼形狀、大小都要切得一樣呢？不能切成各式各樣嗎？

【馬鈴薯】

馬鈴薯很容易煮到變形，或是沒有煮透。
為避免失敗，請依料理需求正確地做好事前處理。
口感蓬鬆的「男爵」、不易煮到變形的「五月皇后」，
都是大家熟悉的品種。

男爵　　　　　五月皇后

◉ 清洗

馬鈴薯放進水中，用刷子將表面的泥土和髒污刷掉，如果不削皮更要徹底洗淨。

◉ 去掉芽眼

用湯匙邊緣把芽眼挖掉。

◉ 削皮

用削皮器削皮。如果太過凹凸不平，就一點一點慢慢削。

◉ 切成 2 ～ 3 等分

小的對半切

如果形狀不均勻，小的就對半切。

大的切成 3 等分

切成 3 等分時，先從長度的 ⅓ 處切開，再將剩下的部分縱向對切，這樣形狀和大小就會一致了。適合煮食或做成西式的燉煮料理。

◉ 切成 4 等分

先對半切，然後改變方向，從切口（或者切口朝下）再對半切。適合燉煮或蒸煮。

◉ 切成 2 ～ 3cm 的塊狀

先縱切成 4 等分，再從邊緣開始切成 2 ～ 3cm 寬。這種切法容易煮熟，適合水煮。

◉ 切成 1cm 的小丁狀

從邊緣開始切出 1cm 寬，然後放倒，切成 1cm 寬的條狀，再繼續從邊緣切出 1cm 寬。適合煮湯。

◉ 泡水

將切好的馬鈴薯放在剛好可以淹沒的水量中 5 ～ 10 分鐘。泡水可防止變色和煮得變形。不過有些料理不需要泡水。

Ⓐ 形狀和大小一樣，煮熟的時間和入味的程度才會一致，盛盤時也比較美觀。

【青椒、紅椒】

青椒和紅椒都屬於辣椒類，但並不辣。
請掌握去蒂、去籽和切法的要訣。
紅椒的事前處理作業和青椒一樣。

青椒　　　紅椒

○ 縱向對半切開

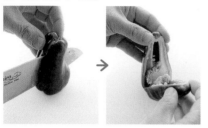

將蒂的部分朝下放著，然後用菜刀從上面往下切入，切到下面 1cm 左右的地方為止，不要完全切斷（左圖）。最後用手剝成兩半，種籽比較不會亂噴。

○ 去除種籽

拇指按在蒂上面，把蒂往外按出來，連同種籽一起去掉。

○ 切成 2cm 的正方形

將縱向對切的青椒打橫，從邊緣開始切出 2cm 寬。再將切出的條狀打橫，從邊緣開始切出 2cm 寬。適用於熱炒。

○ 切成細絲

將縱向對切的青椒斜放，從尖端開始斜斜地細切。斜切後青椒會較軟，口感較佳。適用於拌菜。

○ 切成滾刀塊

從尖端開始斜切，然後朝自己這邊轉九十度，再繼續斜切。這種切法不但容易入口，口感也不錯，適用於各種料理。

切成滾刀塊時，最後才拿著蒂把它切開，然後去掉蒂和種籽，這樣種籽就不會亂噴了。

○ 淋鹽水

用稍濃的鹽水均勻地淋在青椒上，靜置片刻。可以去除異味，也能稍微調味。這樣做比直接用鹽揉捏更能保留口感。

○ 擠乾水分

淋上鹽水的青椒變軟後，用兩手捧起來輕輕擠壓，把水分擠掉。但如果擠得太用力會流失風味，須特別注意。

做做看！

青椒涼拌鹹海帶

材料（2 人份）
青椒 4 個　鹽水〔鹽 ½ 小匙　水 2 大匙〕　薑末 1 瓣
鹹海帶 5g　芝麻油、白芝麻各少許

1 將青椒縱切對半，去掉種籽，切成細絲。放進調理盆中，淋上鹽水，靜置約 15 分鐘。

2 將 1 的青椒擠乾水分，放進另一個調理盆中，依序拌進薑末、鹹海帶、芝麻油，然後盛盤，再撒上白芝麻。

1 人份為 25kcal
調理時間為 5 分鐘 *

* 不含青椒淋上鹽水的時間。

Q 青椒的種籽可以吃嗎？

【番茄、小番茄】

番茄可以做成沙拉，也可以煮湯或做成醬汁。
番茄和小番茄不但能生食，煮熟也很美味，
是非常好用的食材。請學會去蒂和切得漂亮的小撇步吧。

番茄　　　　　小番茄

○ 去蒂

將菜刀斜斜刺進蒂的旁邊，然後將番茄轉一圈就能去蒂了。小番茄的話，直接用手摘掉蒂頭即可。

○ 去掉種籽

橫向對切，再用小湯匙將種籽挖掉。去掉種籽後，就不會有酸味，也不會水水的了。

○ 切成圓片

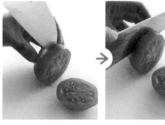

將番茄打橫放倒，從邊緣開始切。由於皮薄，本身又很柔軟，不太容易切，請先將菜刀的尖端刺進去，劃出切口（左圖），再將菜刀打平，就著切口垂直切下去即可（右圖）。

○ 泡熱水剝皮

用菜刀在番茄表面劃上淺淺的「十」字切口，然後將番茄放在長柄杓裡，再放進熱水中。約過 30 秒皮縮起來後撈起（左圖）。立刻放進冷水中冰鎮，從皮的破裂處將皮撕掉（右圖）。

○ 切成 1～2cm 的小丁狀

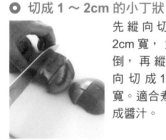

先縱向切成 1～2cm 寬，然後放倒，再縱向、橫向切成 1～2cm 寬。適合煮湯或做成醬汁。

○ 在皮上劃切口

熱炒或蒸煮小番茄時，在皮上劃切口，水分較容易流出，會比較美味。

做做看！

番茄沙拉

材料（2 人份）
番茄 2 個　沙拉醬〔醬油、醋、橄欖油、白芝麻粉各 1 大匙　胡椒少許〕

1 番茄去蒂，橫向切成寬 1cm 的圓片。
2 盛盤，將沙拉醬的材料拌勻後淋上去即可。

1 人份為 120kcal
調理時間為 5 分鐘

Ⓐ 煮熟後可以吃，但因為偏硬，口感不佳，一般都是去掉不用。

【小黃瓜】

小黃瓜的特色就是咬起來脆脆的,有著清爽的香氣,
也很鮮嫩多汁。最重要的事前處理是「搓鹽」。
將鹽揉進去能去除小黃瓜特有的青澀味,
也比較容易入味。

◉ 搓鹽

將小黃瓜排放在砧板上,撒滿鹽(一條
小黃瓜配 1 小匙鹽),用兩手輕輕邊
按邊轉動。這個動作叫做「搓鹽」。然
後用水洗一下瀝乾。

◉ 壓碎

將小黃瓜放在砧板
上,用木匙蓋在上
面,再用手從上往
下壓碎。若以拍打
的方式,會讓碎肉
四濺,因此用壓碎
的比較好。

用手剝成好入口的
大小。剝好的小黃
瓜剖面凹凸不平,
調味料因此更容易
入味。

◉ 切片

將小黃瓜橫放,從
邊緣開始切成薄
片。刀刃稍微往內
側(按住小黃瓜的
手那一側)傾斜,
小黃瓜比較不會亂
轉動。

◉ 切絲

先斜切成薄片後,
再一片片稍微錯開
地重疊起來,從邊
緣開始細切。

做做看!

小黃瓜涼拌芝麻鹽

材料(2 人份)
小黃瓜 2 條
鹽 2½ 小匙
芝麻油 2 小匙
白芝麻 1 大匙

1 小黃瓜撒上 2 小匙的鹽搓一搓,再水洗一下
擦乾。用木匙將小黃瓜壓碎,然後撕成容易入
口的大小。

2 將小黃瓜放進調理盆中,淋上芝麻油。放進
½ 小匙的鹽、芝麻,用手揉捏拌勻。

1 人份為 80kcal
調理時間為 5 分鐘

 Q 小黃瓜的表面疙瘩愈多表示愈新鮮嗎?

【南瓜】

南瓜鬆軟又香甜。
但皮很硬，不好切，
建議初學者選購已經切成 4 等分的。
當然，也可以照以下說明學會切南瓜的要訣。

◉ 去掉瓜瓤和種籽

用稍大的湯匙挖掉
中間的柔軟部分，
去掉瓜瓤和種籽。

◉ 切開

將中間膨起部分的皮薄薄地削掉（左
圖），這樣表面就比較平，也能放得比
較穩。然後將皮面的切口朝下，將菜刀
按壓下去就切開了（右圖）。

◉ 大致削皮

由於皮比較厚，須
用削皮器大致削掉
一些皮才易煮熟。
若是切成 4 ～ 5cm
的塊狀，大概削兩
次就夠了。

【茄子】

茄子和油很搭，適合做成熱炒、
油炸之類的料理。
由於切口容易變色，請烹煮前再切開。

◉ 縱切成 4 等分

掀開花萼，將堅硬
的部分切掉，然後
對半縱切，再對半
切。

【苦瓜】

具有獨特的苦味。
每個人對苦味的接受度不同，
適當地去掉一些苦味後，
就可做出富有苦瓜風味的可口料理了。

◉ 去除瓜瓤和種籽

將苦瓜縱向對切，
用湯匙挖掉中間柔
軟的瓜瓤和種籽。

◉ 泡水

調理盆中放入充足
的水量，將切好的
苦瓜放進去，靜置
約 20 分鐘。泡水
可以緩和苦味。

【萵苣】

沙拉中常用的萵苣，鮮嫩多汁、口感清脆，
深受喜愛。事前處理很簡單，
只要泡水、擦乾水分，就能提升美味！

⊙ 從根部剝開

將芯的部分朝上，用菜刀切進葉的根部，再從切口剝開葉片，就能保持葉片的完整。

⊙ 泡冷水

調理盆中放進充足的冷水，再放進萵苣，靜置約20分鐘就會更加清脆。

⊙ 撕開

用手將葉片撕成容易入口的大小。萵苣用菜刀切，切口容易變色。此外，用撕的，沙拉醬也比較能入味。

⊙ 擦乾水分

用濾網盛起泡過水的萵苣，然後瀝乾水分。再用廚房紙巾蓋在萵苣上，輕輕抓一抓，將水分擦乾。

【西洋芹】

請多加利用西洋芹
清爽的香氣
和清脆的口感。
去掉外皮纖維
會比較容易入口，
口感更佳，
葉片則可切碎後做成沙拉。

⊙ 去掉纖維

將菜刀對準莖部的切口，用手握住纖維的一端，然後輕輕拉出來。

⊙ 斜切成薄片

將菜刀斜斜對準纖維的方向薄切下去。這種切法由於切口大，容易煮熟，口感更佳。適用於熱炒或沙拉。

⊙ 縱切成薄片

將西洋芹打直，沿著纖維方向切成薄片。適用於想享受口感時。

┌─── 做做看！ ───┐

萵苣涼拌海苔沙拉

材料（2人份）
萵苣 ½ 個　芝麻油 2 小匙
A〔味噌 2 小匙　水少許〕
青紫蘇 4 片　海苔（一整片）1 片

1 用手將萵苣撕成容易入口的大小，泡在冷水裡約20分鐘變脆。瀝乾水分，再用廚房紙巾擦乾水分。

2 將 **1** 放進調理盆中，

加上芝麻油，用手揉捏10次左右。將 A 混拌好放進去，再次拌勻。將青紫蘇和海苔撕成一口大小放進去，快速混拌一下。

1 人份為 60kcal
調理時間為 5 分鐘 *

* 不含萵苣泡冷水的時間。

  萵苣放進冰箱冷藏後會變得軟塌塌的，有沒有補救辦法？

【綠蘆筍】

綠蘆筍的魅力在於微甜與香氣迷人。
它的尖端柔軟，下半部的皮偏厚且略硬，去皮後會較容易煮熟，
可完全享受它的美味。

◯ 削去下半部的皮

從根部切掉2～3mm，再用削皮器削掉下半部的皮。由於綠蘆筍很細，不妨放在砧板上邊轉動邊削皮。

◯ 切成滾刀塊

將前端斜切一刀，再邊轉向自己邊斜切。這種切法的切口較大，容易煮熟，也能增添色彩變化。

【荷蘭豆】

荷蘭豆是豌豆中最普遍的品種，
翠綠的顏色加上清脆的口感而受歡迎。
可以水煮後放在燉煮料理旁邊，
或是熱炒、放進味噌湯中。

◯ 泡冷水

調理盆中注入充足的冷水，再放進荷蘭豆，靜置約20分鐘變脆。烹煮前請先泡過冷水，口感較佳。

◯ 去絲

折斷蒂的部分，然後直接將絲拉掉。另一側的絲則從切口抓住絲的一端，然後拉掉。

【四季豆】

四季豆是在幼苗時就摘下來，然後連同豆莢一起食用的蔬菜。特徵為深綠色與獨特的口感。
不帶絲的品種為主流，但如果有絲，
就用荷蘭豆的去絲方式去除。

◯ 切掉尖端

蒂的部分較硬，請以菜刀切除。

◯ 揉鹽

將四季豆放進調理盆中，再放進稍多的鹽搓揉1分鐘。讓煮出來的顏色更鮮豔，也更容易入味。水煮時，鹽不必沖掉，直接水煮即可。

 泡在冷水中，吸到水分就會恢復鮮嫩了！

【小松菜、菠菜】

小松菜是青菜中的經典代表，沒有異味又容易處理。
水煮或熱炒都很美味。
菠菜有點異味，但水煮後泡一下水就行了。
菠菜的事前處理和小松菜一樣。

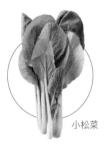 

小松菜　　　　　菠菜

● 從根部切除

洗淨後，根部稍微
切掉一點，再從根
部切進 5mm 深，
這樣泡水時能讓小
松菜更容易吸水，
也更容易煮熟。

● 泡冷水

將根部浸泡在充足
的冷水中，靜置
15 分鐘。根部吸
收水分後，會變得
鮮嫩多汁。

● 葉和莖分開

將小松菜切好再加
熱時（如熱炒），
請將柔軟的葉片和
不易煮熟的粗莖分
開來。

【青江菜】

將青江菜葉片和莖分開，
才能享受不同的口感。
由於部位不同，煮熟的時間也不同，
切法正是決定美味的關鍵。

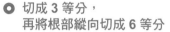

● 切成 3 等分，
　再將根部縱向切成 6 等分

將長度切成 3 等分。根部不必去芯，
直接縱向對切，再從芯的中間斜切成 3
等分（左圖）。青江菜各部位的厚度不
同，切開後請分開放。

【綠花椰菜】

頭部圓圓的部分，正是一朵朵小花蕾
簇集而成。綠花椰菜經常水煮後做成
沙拉、拌菜，也可熱炒，或當配菜。

● 切成小朵

從花蕾分枝處下刀，切成一小朵一小
朵。太粗的莖則是削皮後切成容易入口
的大小，才能完全享受它的美味。

  要如何去除小松菜或蕪菁莖部的泥土呢？

【蕪菁】

蕪菁長得白白胖胖的,
像不倒翁般的圓形非常可愛。
它沒有異味,生吃、熟食皆可。
而且很容易熟,
一下就煮軟了,
因此可以切得稍大一點,
注意不要加熱過頭。

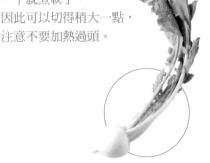

○ 切開葉片

如果連同葉子一起保存,葉子會吸收水分,蕪菁就失去鮮嫩感了。因此請用菜刀從蕪菁上面堅硬的部分下刀,切掉葉子。葉子可當成青菜使用。

○ 縱切成 4 等分

蕪菁很容易煮熟,所以請切成大塊再煮。可縱向切成 4 等分就不會煮到變形了。

○ 呈放射狀切成月牙形

對半縱切後,再斜切成月牙形。適用於熱炒。

【白菜】

白菜味道清淡,沒有異味,
莖的部分厚,葉的部分薄,
可以吃到不同口感。
由於富含水分,可以燉煮,
也可以用鹽去掉水分後再烹煮。

○ 將莖削薄

將菜刀放平,用斜切的方式將厚實的莖削薄。這種切法比較容易煮熟。

○ 切成 6 ~ 7cm 長、2cm 寬

將白菜橫放,切成 6 ~ 7cm 長。再轉個方向,沿著纖維切成 2cm 寬。適用於拌菜。

○ 將鹽和砂糖溶於水後再淋上去

由於白菜富含水分,將鹽和砂糖溶於水後再淋上去,約靜置 30 分鐘就會釋出水分。加砂糖可以緩和鹹味。

○ 擠乾水分

用兩手握住軟化的白菜,用力按壓出水分。去掉多餘的水分後,味道才會濃縮,調味料也比較容易入味。適用於拌菜。

做做看!

涼拌辣白菜

材料(2 人份)
白菜 1/8 個(300g)
A〔鹽 1 大匙 砂糖 1 小匙 水 1 杯〕
B〔味噌 1 大匙 醋 1 小匙
豆瓣醬 ½ 小匙 芝麻油 2 小匙〕

1 白菜去芯後剝開,縱向切成 6 ~ 7cm 長、橫向切成 1.5 ~ 2cm 寬。放進調理盆中,將 A 混合後放進去,拌勻後靜置約 30 分鐘。
2 將 B 放進另一個調理盆中混合均勻,再將白菜的水擰乾後放入,充分拌勻。

1 人份為 80kcal
調理時間為 10 分鐘 *

* 不含將 A 淋在白菜後的靜置時間。

 A 從根部切進一刀,然後泡在水裡,片刻後莖會打開,就很容易去除泥土了。

【蘿蔔】

四季都吃得到蘿蔔，但冬季才是真正的盛產季節，滋味香甜。
可以切大塊燉煮，也可以切小塊做成湯品的配料。
蘿蔔泥更是燒烤的最佳配菜，也經常用來當成麵類的佐料。

◐ 用菜刀削皮

切成圓形的厚片狀後，再沿著側面的彎度削皮。燉煮時，將皮的部分多削掉一些，比較容易煮軟。

◐ 用削皮器將薄皮削掉

縱向拿著蘿蔔，用削皮器直直地拉開，就能削去一層薄皮。也可以沿著蘿蔔的形狀削出一條長長的薄皮。

◐ 切成圓片

將蘿蔔橫放，切出圓形的切面。燉煮時適合切成2～3cm厚。切成薄片則適合做成沙拉。

◐ 切成半圓形

先切成圓片，再從切面對切開來，會比切成圓片更容易煮熟。也可以縱向對切開來，再從邊緣開始切。

◐ 切成扇形

先縱向切成4等分後，再從邊緣開始切開。也可以切成圓片後再切成「十」字形。適合煮湯。

◐ 切成細絲

斜切成薄片之後

 →

將蘿蔔橫放，斜切成薄片（左圖）。將薄片稍微錯開地疊在一起，從邊緣開始細切（右圖）。由於纖維被斜切開來，比較容易變軟，口感也較好。

切成圓片之後

先切成5～6cm長，再沿著纖維縱向切成薄片。將纖維方向打直，再錯開地疊在一起，從邊緣開始細切。由於保留了纖維，會有脆脆的口感。

◐ 磨成泥

去皮，將纖維方向垂直地放在磨泥器上，以畫圓的方式研磨成泥。

◐ 稍微瀝掉水分

將蘿蔔泥放在鋪有廚房紙巾的濾網上，自然地瀝掉水分。用擠壓的方式會把美味也擠壓掉，須特別留意。

  蘿蔔的葉子可以吃嗎？怎麼吃呢？

【牛蒡】

牛蒡具有獨特的香味與口感，
請學會正確的事前處理作業，發揮它的原味。
由於它的澀味較強，切好後宜泡在水中，
除了防止變色，味道也比較清爽。

【蓮藕】

蓮藕的魅力在於有洞的獨特切面，
以及清脆的口感。它的纖維有點硬，
但仔細切開就沒問題了。
泡在水裡可保持蓮藕的潔白。

◉ 用湯匙削皮

用湯匙邊緣輕輕地刮除牛蒡皮。留一點皮在上面也無妨。牛蒡的皮和皮下面的部分其實風味不錯，不要把皮削得太厚。

◉ 斜切成薄片

取好角度，用菜刀斜切。這種切法的切面較寬，容易煮熟，口感也較佳。

◉ 切成細絲

先斜切成薄片後，再將薄片稍微錯開地重疊，然後從邊緣開始細切。也可切成寬約 5mm 的稍粗條狀。

◉ 用削皮器薄削

將削皮器對著牛蒡縱向直直一拉，就能削出一條又長又薄的牛蒡了。這種切法能快速煮熟，也因為保留纖維而頗有咬勁。

◉ 泡水

如果切好放著，切口會變色，因此宜讓切口泡在水中（上圖）。水會逐漸變成褐色（下圖）。如果泡得太久會流失風味，所以約泡 5 分鐘即可。倒掉水後，再沖洗一下。

◉ 擦乾水分

牛蒡泡水後，用濾網撈起來，瀝乾水分。如果要油炸或熱炒，就用廚房紙巾蓋在牛蒡上輕輕揉捏，擦乾水分。

◉ 切成圓片

將蓮藕橫放，切成圓形的切面。將菜刀放在正上方，然後垂直切下，厚度就會均一。

◉ 切成半圓形

先將蓮藕縱向對切後，再橫放從邊緣開始切。也可以先切成圓片後，再將切面對半切開。

◉ 泡水

將蓮藕放在剛好可以淹沒的水裡，靜置 5 分鐘，能讓蓮藕變白。但泡太久會流失風味，須特別留意。

◉ 瀝乾水分

把水倒掉，沖洗一下裝進濾網裡，把水瀝乾。如果要油炸或熱炒，就用廚房紙巾擦乾水分。

 柔軟的部分可以當做青菜烹煮。粗大的葉片可以水煮後切細，當成味噌湯的配料或加在飯裡。

【山藥】

山藥可以生吃，非常容易料理。
常見的品種有「長芋」和「大和芋」。
「長芋」水分多，口感清脆；「大和芋」黏性強，適合做成山藥泥。
「大和芋」在各地區的名稱都不太一樣。

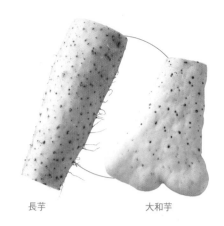

長芋　　　　　　　大和芋

● 削皮

用削皮器縱向一拉
就能削掉山藥皮。
若不方便拿，就放
在砧板上削皮。

● 磨泥

為了防止手滑，可
以用廚房紙巾包住
山藥的一端，然後
垂直放在磨泥器
上，以畫圓的方式
研磨成泥。

● 拍碎

裝進塑膠袋裡，用
木匙像要切開似地
拍碎。放在塑膠袋
裡就不會濺得到處
都是。保留一點塊
狀，可以吃到清脆
的口感。

● 切細

將廚房紙巾折疊起
來，打濕，輕輕擠
乾後攤在砧板上，
這樣就不會打滑
了。

先切成 5 ～ 6cm
長，再沿著纖維方
向切成薄片。

將薄片稍微錯開地
橫向疊起來。

從邊緣開始細切。

做做看！

山藥佐山葵醬油

材料（2 人份）
山藥 200g　山葵約 ¼ 小匙
醬油 ½ 大匙

1 用削皮器削掉山藥的皮，然後
切成細絲。
2 盛盤後，放上山葵，淋上醬油。

1 人份為 50kcal
調理時間為 5 分鐘

Q 山藥和芋頭是同一類食物嗎？

【芋頭】

芋頭口感鬆鬆的，具有獨特的黏滑汁液。
事前處理的要訣在於適度去掉黏滑汁液。
這樣會比較容易處理，也容易入味。

◉ 清洗

調理盆中裝水，將芋頭泡在裡面，讓表面濕潤後，用刷子刷淨。

◉ 風乾

攤開在濾網上，放在通風良好處讓它自然風乾。

◉ 將頭尾去掉

用菜刀在頭尾起約 5 ～ 6mm 的地方垂直切掉。

◉ 削皮

從上面的切口縱向削皮。每次削出一致的寬度，削 6 ～ 8 次就能全部削完且削得很漂亮。

◉ 揉鹽

芋頭放在調理盆中，撒鹽（左圖），撒勻後一個個拿起來揉 30 秒（右圖）。用鹽揉過，黏滑的汁液就會跑出來。

◉ 清洗

將揉過鹽的芋頭放在充足的水中，大大攪拌後沖洗一下。

◉ 擦乾水分

用廚房紙巾包起 1 ～ 2 個芋頭，將表面的水分擦乾，同時去除黏滑的汁液。

去皮時也要確實洗淨、拭乾

芋頭上若還殘留泥土，去皮時會沾到手上，間接讓去好皮的芋頭變黑。另外如果沒有拭乾就去皮，剝好皮的芋頭碰到水會產生黏液而變得很滑、不好處理。所以在去皮前，應確實將芋頭洗淨、拭乾。

Ⓐ 山藥長在山裡，芋頭長在一般的田裡，種類和味道都不太一樣。

【生薑】

生薑具有清爽的香氣和強烈的辣味。
由於纖維較粗，盡量切細口感會比較好。
可以當成佐料，也可以為各種料理增添風味。

◉ 刮皮

生薑的皮富含香味成分，不要去皮，用
湯匙邊緣將表皮薄薄地刮掉即可。

◉ 磨泥

將纖維方向垂直放
在磨泥器上，以畫
圓方式研磨成泥。

◉ 切成薄片

從邊緣開始切成薄
片。喜歡強烈香
氣，就和纖維呈直
角地切；喜歡享受
咬勁，就沿著纖維
方向切。

◉ 切成細絲

沿著纖維切成薄片
後，再將纖維方向
打直，一片一片稍
微錯開地疊起來，
然後從邊緣開始切
細。

◉ 切成碎末

將切成細絲的生薑
打橫，然後從邊緣
開始切細。

◉ 泡水

如果要當成佐料生
吃的話，就將生薑
泡在水裡以緩和刺
激性辣味。將切好
的生薑放進充足的
水量中，靜置約
20分鐘再瀝乾水
分即可。

【大蒜】

大蒜獨特的味道和辛辣，在煮熟後會
緩和一些，香氣很能促進食欲。它是
中華料理和義大利料理中不可或缺的
香料蔬菜之一。只要掌握訣竅，切成
蒜末其實很簡單！

◉ 去掉芯

縱向對切，然後將
菜刀的刀刃對準芯
的粗大部分切除即
可。芯的部分雖然
可以吃，但很容易
燒焦，所以去掉比
較好。

◉ 壓碎

用木匙壓在大蒜
上，用力壓碎。破
壞它的纖維後，風
味會充分散發出
來，就能吃到獨特
的口感。

◉ 切成薄片

縱向對切後，去除
芯的部分，然後切
口朝下，從邊緣開
始切成薄片。由於
切斷了纖維，香氣
四溢。有時最好沿
著纖維方向切。

Q 我很喜歡大蒜的香味，但有人不喜歡。要怎樣料理才會有點香又不會太香呢？

【蔥、細蔥】

白而長的蔥,叫做長蔥、白蔥,也叫做大蔥,
風味佳,煮熟後味道甘甜。纖細而整株呈綠色的細蔥,
香氣佳,切碎後可以當佐料。
請學會適合各種用途的切法吧!

蔥　　　細蔥

● 切成細末

沿著纖維細細地切進去。根部不要切開。

將纖維方向打橫,將菜刀放平地橫切3～4刀。

從邊緣開始細切。根部則縱橫地細切即可。

● 切成粗末

切法和切成細末一樣,但切出4～5mm寬。這樣不但有咬勁,風味也比較強烈。

● 斜切

將菜刀斜斜地切下去。請拿捏好角度,將切面切成橢圓形,比較容易熟也容易吃。

● 縱向對切後斜切成薄片

先縱向對切,然後斜切成薄片。由於將纖維斜切開了,容易煮軟,咬勁適當。適用於佐料或熱炒料理等。

● 切成蔥花

從邊緣開始切成1～2mm寬。切成蔥花更容易散發風味。適用於佐料。

● 切成碎末

先斜斜且細細地劃刀進去,然後上下翻面,以同樣方式劃刀進去。

依照和纖維呈直角切成薄片的要領,從邊緣開始細切。

● 泡水

當成佐料生吃時,泡水去除辛辣後比較容易入口。將切好的蔥放在充足水量中,靜置約20分鐘後瀝乾水分。

【香菇】

香菇又香又好吃。
將大大的蕈傘部分切成薄片後，
就有滑順的口感了。為運用它的風味，
請不要水洗。其他的蘑菇類也一樣。

● 擦拭髒污

用廚房紙巾將表面的髒污擦拭乾淨。蕈
傘的部分很柔軟，必須輕輕地仔細擦
拭。

✕
這樣 NG ！
水洗會減損風味，
也會變得水水的不
好吃。

● 切掉蒂頭

切掉香菇蒂下方堅
硬的部分。

● 拔掉香菇蒂

手握香菇蒂，慢慢
拉開就能拔掉。

● 剝開香菇蒂

香菇蒂偏硬，筋較
多，用手剝開比較
容易入口。如果不
將香菇蒂入菜，可
將它剝開後放入味
噌湯裡。

● 切成薄片

將蕈傘的部分從邊
緣切成寬度一致的
薄片。這種切法比
較容易煮熟，適合
熱炒或煮湯。

【鴻喜菇】

鴻喜菇和許多食材都很搭，
用途極廣。
事前處理的重點在於「切除蒂頭」
和「分成小朵」。
這是菇類料理的基本功。

● 切除蒂頭

用菜刀切除根部稍
微堅硬且縮起來的
部分（蒂頭）。

● 分成小朵

用手將每 2 ～ 3 根
剝成一小朵（或是
配合料理，剝成容
易入口的大小）。

【金針菇】

微甜、微香，有嚼勁，很好吃。
切掉根部後，再配合料理
切成適當的長度即可。

● 切除根部

切掉根部附著鋸屑
的部分，再將蕈柄
密著的地方剝開使
用。

  聽說香菇可以冷凍，真的嗎？

【豆芽菜】

豆芽菜脆脆的口感深具魅力。
泡過水後滋味更清爽。
根部不去掉也可以。

○ 泡水

放入充足的水量中，靜置 4 ～ 5 分鐘。
髒污浮出後，可以去除異味。

○ 放在濾網上

一小把一小把抓起來放在濾網上，就能去掉沉在調理盆裡的細根和豆殼。

【水菜】

水菜味道很淡，口感脆脆的。
做成沙拉生吃時，請先泡在水裡。

○ 泡在冷水中

將水菜放進充足的冷水中，靜置約 20 分鐘。讓它吸水後就會脆脆的。

【巴西里】

巴西里經常用在西洋料理上當裝飾。
不但能增添色彩，也能散發清香。
請學會將它切成碎末的訣竅吧。

○ 切成碎末

廚房紙巾鋪在砧板上，將巴西里的莖集結成束，再將葉子一小撮一小撮地聚攏，然後邊按邊從邊緣細切。

【青紫蘇】

香氣清爽的青紫蘇是日本料理中必備的香料蔬菜。將葉片重疊後捲起來，就能輕易切成細絲了。

○ 切成細絲

將廚房紙巾鋪在砧板上，切掉青紫蘇的莖，然後縱向對切。將葉片重疊後捲起來，然後從邊緣開始細切。

○ 泡水

放進充足的水量中，靜置約 20 分鐘後瀝乾。泡在水裡不但能去除澀味，也比較容易將細絲分開。

將 2 種以上的香料蔬菜一起泡水也 OK

香料蔬菜如洋蔥、青蔥、生薑、青紫蘇，2 ～ 3 種混合使用會更有風味。此時，可以一起放進水中浸泡。不過泡得太久，辣味或澀味強烈的食材可能會蓋過其他食材的風味，因此浸泡時間以 20 分鐘左右為宜。

是的。可以冷凍後直接拿出來炒或煮湯。香菇蒂頭等不能吃的部分請先去掉後再冷凍。

肉類的事前處理

肉類多半被當成主菜。烹煮出美味肉類料理的第一步驟，就是做好事前處理。其實技巧並不難，只要配合肉的部位和料理所需，做好適當的處理即可。

雞肉：

雞肉的部位不同，形狀、味道和口感也都不同。
請依部位做好處理，發揮它的原味。
雞肉水分多、容易壞掉，請選用新鮮的產品。

【雞腿肉】

雞腳連接身體的部位，
市面上多為去骨後將肉攤開。
由於這是雞經常活動的部位，
因此肉質結實，筋和脂肪也較多，
味道濃郁。適合用於油炸或照燒等。

◉ 去掉多餘的脂肪

雞腿肉的脂肪比較多，最好除掉。用手拉出皮和肉之間的脂肪，再用菜刀削掉。不必全部削乾淨。

將皮面朝下，抓住黏在肉上面的脂肪，然後削掉。去掉脂肪後，味道較清爽，也比較容易入味。

◉ 劃刀

將纖維方向打橫，在白色筋較多的部分，每隔約1cm劃上淺淺的刀痕。這樣加熱時肉比較不會縮起來，也較容易煮熟。

◉ 切成 6 等分

將皮面朝下，打直，縱向對切。然後將對切的肉片打橫，切成 3 等分。這種切法比較有咬勁，大小也較容易煮熟。

◉ 預先調味

將肉塊排在平底方盤中，將鹽均勻撒上，然後翻面，再以同樣方式撒鹽。

◉ 撒滿麵粉

兩面均撒滿麵粉，再將多餘的麵粉用手輕輕拍掉，只留薄薄一層即可。這樣便能鎖住水分與美味，也更容易裹上醬汁。

Q 雞腿肉的脂肪到底哪些是多餘的？拿掉太多脂肪的話，肉質會不會變得很柴？

【雞胸肉】

雞胸是個不太活動得到的部位，因此肉質柔嫩。顏色呈淡淡的粉紅色，脂肪比雞腿肉少，味道很清淡高雅。適用於嫩煎或熱炒、蒸煮等。

● 恢復常溫

不論是雞腿肉或雞胸肉，因為都有厚度，不容易完全煮熟，因此調理前約20分鐘須從冷藏庫拿出來，恢復常溫。

● 縱向對半切開

雞胸肉偏厚，因此縱向對切比較容易煮熟。如果是熱炒料理，最好再削薄一點。

● 削成薄片

菜刀平放，斜斜入刀，往自己這邊橫削下來。

【雞柳】

位於雞胸肉的內側，形狀類似竹葉。脂肪少，肉色淡，味道也很清淡，是雞肉中最柔嫩的部位。適用於嫩煎、蒸煮等。

● 去筋

用手抓著雞柳白色的筋，以廚房剪刀一點一點剪開肉和筋的連接處。

剪到筋很細的地方，就直接剪斷筋的根部。去筋後再煮，肉就不會縮，烹煮之後會比較漂亮。

● 淋油

雞柳的脂肪很少，須淋上油（左圖），再用手輕輕搓揉，讓全體都裹上油（右圖）。這樣能讓肉味更濃郁、肉質更柔嫩，也能鎖住水分，防止肉質變柴。

A 泛黃的部位就是脂肪。凡是顏色明顯、能夠抓起來的部分，就盡量去掉。由於脂肪很多，不必擔心肉質變乾變柴。

【小翅腿、雞翅】

雞翅就是雞的翅膀部位。而連接身體的部分一般稱為小翅腿，
小翅腿以下的部分稱為雞翅。小翅腿脂肪少、肉質柔嫩、味道清淡。
雞翅的脂肪和膠質較多，味道濃郁。去掉雞翅尖端的部分也稱為雞中翅。

小翅腿

雞翅

◎ 用冷水清洗

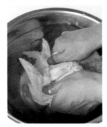

不論是小翅腿或雞翅，如果有血從骨頭流出來，就要放在充足的冷水中快速地刷洗表面。瀝掉水分後，用廚房紙巾擦乾水分。

◎ 劃刀

小翅腿
將粗大的那一端朝向自己，用廚房剪刀沿著骨頭剪到長度的⅔處。這樣比較容易煮熟。

雞翅
皮厚的部分朝下，用廚房剪刀沿著骨頭剪到關節處。這樣比較容易煮熟，也容易入口。

【雞肝】

雞的肝臟。
比起豬肝和牛肝比較沒有異味，
也比較柔軟。
將雞肝泡在冷水或牛奶中，
去掉血污後再烹煮，
就可以去除雞肝特有的味道了。

雞肝的事前處理

將雞肝放進充足的水量中，快速沖掉表面的髒污。

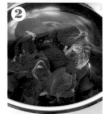

調理盆中放入冷水，再放進雞肝，浸泡約20分鐘。讓雞肝降溫可以保持新鮮。

瀝掉雞肝的水分，將黃色的脂肪和筋切掉。

將菜刀放平，往自己這邊削成一口大小（或切成食譜指示的大小）。

Q 肉類可以清洗嗎？肉油油的可以用清潔劑來洗嗎？

【雞胗】

雞胗就是胃袋的肌肉，
也就是雞的砂囊，用來消化
食物，所以肌肉相當發達，
非常有嚼勁，而且幾乎沒有
脂肪，是內臟類中比較沒有
異味的部位。

5 切口上如果有黑色的血塊，就用菜刀的尖端割掉。去除多餘的脂肪和血塊後，就不會有異味了。

6 將雞肝放進調理盆中，倒進牛奶，放進冰箱冷藏約 10 分鐘。牛奶能鎖住雞肝的美味，同時吸收殘餘的污血。

7 每次只要取出 2～3 片，用廚房紙巾擦乾水分。

雞胗的事前處理

1 將雞胗橫放，切掉邊緣的白色部分。

2 將一個半球狀的紅色部分對半切開。

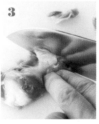

3 將紅色部分上面的白色部分削掉。另一個半球狀部分也依同樣方式處理。

4 切掉紅色部分邊緣處的堅硬部分。

豬肉：

豬肉好吃，價格又便宜，是每日餐桌上的好料理。
切成小塊或薄片的事前處理也很簡單。
請配合料理選擇適當的部位和厚度。

【小肉片】

切出形狀完整的肉塊後，再將其他部分切成小肉片。這種小肉片通常是幾種不同部位的肉混合而成，因此肉質、厚度和口感都不盡相同，但是價格便宜、經濟實惠。適用於燒烤、熱炒。

【五花肉】

從肋骨到接近腰部的側腹肉。
由於是一層脂肪一層紅肉地交錯，
又名「三層肉」。脂肪多，口感濃郁風味佳。
薄切成 2 ～ 3mm 厚的肉片，適用於熱炒。

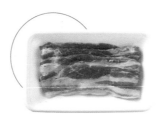

切成薄片

【里肌肉】

背部中央部分的肉。這種紅肉的紋理細緻、肉質柔軟，外層有一層剛剛好的脂肪。
炸豬排用的里肌肉多切成約 1cm 厚，
也可以做成香煎豬排。

炸豬排用

【肩里肌肉】

靠近肩部的背肉。紅肉中有分布成粗網狀的脂肪。紋理稍粗、肉質偏硬，滋味濃郁。切成「肉塊」適用於水煮。切成「薄片」適用於燒烤、熱炒、燉煮，用途廣泛。切成「火鍋肉片」則用於火鍋和沙拉。

薄片

肉塊

火鍋肉片

◎ 擦乾水分

肉的表面濕濕的，或是將包裝盒傾斜時，會有一汪紅色血水時，就用廚房紙巾按在肉上面擦乾水分。

◎ 敲打

偏厚的肉，就用菜刀的刀背將正反兩面各敲打 20 ～ 30 次。這樣可以把筋敲斷，烹煮時肉才不會縮起來，肉質也會比較柔嫩。

◎ 切成 5 ～ 6cm 長

將薄肉片的纖維方向打橫，從邊緣開始切 5 ～ 6cm 長。也可以疊起來切。

◎ 切成 5mm 寬

將纖維方向打橫，從邊緣開始切出5mm 寬。適合熱炒、將五花肉混在絞肉中使用時。

Q 聽說肉類熟成後比較好吃，真的嗎？可以自己動手讓肉熟成嗎？

牛肉：

牛肉具有獨特的風味。
雖然價格比其他肉類高，但使用划算的「邊角肉」，
新手也能得到做出高級料理的成就感。
適用於經典的馬鈴薯燉肉或是熱炒料理等。

【邊角肉】

切出形狀完整的肉塊後，再將剩下來的肉切成
薄片，因此裡面的形狀、大小不一。
有些店家會標明部位，有些不會標示，
有時候會混進高級的部位。
適用於所有薄切牛肉的料理。

● 揉鹽

將鹽撒在整塊肉上面，用手均勻地搓揉進去。適合想用鹽調味時，及想去除多餘水分時。

● 塗油

將鹽揉進整塊肉之後，淋上油，整塊塗勻，這樣能讓肉質濃郁且鮮嫩。適用於水煮。

● 撒上麵粉

將麵粉撒在豬肉上，用手揉勻。這樣可以防止肉質變柴，也更易入味。

● 撒上太白粉

將太白粉撒在豬肉上，用手揉勻。這樣可以讓口感滑順，也更容易裹上醬汁。

● 預先調味

日式的燉物或是熱炒料理，多使用砂糖和醬油來預先調味。先撒上砂糖，然後搓揉均勻。

待砂糖融入後，加進醬油，然後搓揉均勻。先放砂糖才容易滲透進去。

> ### 「小肉片」和「邊角肉」的意思一樣
>
> 「小肉片」和「邊角肉」都是將切剩的肉塊混裝起來，意思是一樣的。在日本，豬肉通常標示「小肉片」，牛肉通常標示「邊角肉」。挑選時要特別檢查白色脂肪的多寡。不論豬肉或牛肉，都是脂肪多的較濃郁，紅肉多的較清淡。可隨個人喜好及料理所需來選擇。

Ⓐ 肉類基本上要購買新鮮的，而且盡早食用。在肉塊裡揉進鹽後靜置 1～2 天，這種鹽醃豬肉，就是在家自行熟成的豬肉之一。　　047

絞肉：

絞肉是將肉的小肉片或邊角肉混合起來絞碎，
因此含有各種部位。由於接觸空氣的面積大，容易壞掉，
請選用新鮮的產品，並且盡早食用完畢。

【豬絞肉】

只用豬肉絞碎的肉。泛白的部分
脂肪多而濃郁，深紅的部分則脂
肪少且清淡，是水餃和燒賣等中
華料理不可或缺的食材。

【雞絞肉】

將雞肉和雞皮混合起來絞碎，
沒有異味，也能發揮雞肉的美味。
經常用於雞肉丸子、雞肉鬆、
雞肉餅等日式料理。

【牛絞肉】

只用牛肉絞碎的肉，
具有牛肉獨特的美味。
由於含有燉煮後會更好吃的部位，
因此適用於燉煮料理。

【綜合絞肉】

用各種肉類的絞肉混合而成，
一般為牛肉加豬肉。每家店的產品都不太相同，
混合比例多半為牛肉 7、豬肉 3，
能夠發揮牛肉和豬肉的特色，適用於漢堡肉等。

用個人喜歡的絞肉比例
來取代綜合絞肉也 OK ！

可以將牛絞肉和豬絞肉依個人
喜歡的比例混合。牛絞肉的比
例高的話，牛肉味道比較強烈
並且富咬勁。豬絞肉的比例高
的話，口感柔軟，顏色偏白，
味道也比較清淡。

Q 都說絞肉容易壞掉，那到底要怎麼保存呢？

絞肉餡的混合方法

❶ 將絞肉和其他材料放進調理盆中，以手掌撐開抓握的方式攪拌。

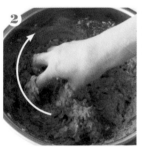

❷ 全體混合後，將手掌撐開並以畫圓的方式攪拌。

❸ 出現黏性後，將絞肉整理成一團即可。

可以自由變化的絞肉 各式各樣的「絞肉餡」

在絞肉裡摻進香料蔬菜、調味料、幫助黏著的麵包粉和麵粉加以混合，就能做成絞肉餡了。依混合食材的不同，可以做出漢堡肉、燒賣、雞肉丸等日式、洋式、中式的各種絞肉料理。混合的要訣都一樣。只要掌握製作絞肉餡的訣竅，餐桌上就更富變化了。

漢堡肉

在綜合絞肉裡摻進洋蔥末、撕碎的麵包（或麵包粉）、蛋、調味料加以混合（做法請參考 P.110）。

燒賣

在豬絞肉裡摻進洋蔥末、調味料加以混合（做法請參考 P.82）。

雞肉丸

在雞絞肉裡摻進蛋、麵粉、鹽加以混合（做法請參考 P.146）。

Ⓐ 最理想是當天吃完。買來後可以放進冰箱冷藏，在保存期限內用完。要長期保存的話，就要當天放進冰箱冷凍。

海鮮的事前處理

初學者多半會認為海鮮類的事前處理很困難。不過，只要一個個步驟仔細完成，就不會有魚腥味而能煮出美味的海鮮料理了。

魚塊：

就是將大型魚分切成容易使用的大小。由於通常都事前處理過，因此使用起來很方便。魚身有透明感、表面緊實，表示很新鮮。請避免選用包裝盒中有積水的產品。

【鮭魚】

鮮豔的橙紅色為其特徵。
有白鮭、銀鮭、紅鮭、帝王鮭、大西洋鮭（如圖）等品種。

【鱈魚】

是冬天的代表性白肉魚。
一般說鱈魚，指的是「大頭鱈」。
鹽漬的鱈魚稱為「鹽鱈」。

【鯛魚】

魚肉為白色，沒有腥味，滋味清淡，是白肉魚的代表。一般說鯛魚指的是「真鯛」，它的日文發音「madai」和「祝賀」（medetai）相似，因此是日本喜慶宴上必備的食材。

「生鮭魚」和「鹽漬鮭魚」不同，購買時別搞錯了

在日本超市可以看到「生鮭魚」和「鹽漬鮭魚」兩種商品。鹽漬鮭魚因為已經調味，買回去烤過就能吃。而如果誤拿鹽漬鮭魚來做生鮭魚的食譜，會讓料理的味道變得又重又鹹，要特別注意。「生鱈魚」和「鹽漬鱈魚」也是同樣的道理。

【銀鱈】

屬於銀鱈科，但不是真正的鱈魚，是棲息於北太平洋深海的一種大型魚。一般都是切成魚塊冷凍販售，比鱈魚更富脂肪。

【旗魚】

又稱馬林魚，有些品種屬於槍魚屬，但跟金槍魚並不相干。一般常見的是四鰭旗魚和劍旗魚（如圖），淡粉紅色的劍旗魚價格親民。特徵為脂肪多、肉質柔軟。

【鰤魚】

屬於鰺科,分布於日本各地沿岸的洄游魚。牠很特別,名稱會隨著成長進度而不斷變化。到了冬天就會富含脂肪,因此又稱作「寒鰤」。

【鯖魚】

有在日本沿岸捕獲的真鯖、花腹鯖,以及從挪威等地進口的大西洋鯖魚(如圖)等品種。鯖魚很容易腐壞,請選用新鮮的產品,並且盡早食用。

○ 水洗

鯖魚、鰤魚等容易去腥的魚,以及旗魚等解凍的魚,只要用水清洗就不會有腥味了。將魚放進水裡,輕輕刷洗表面(左圖)。拿出來後,用廚房紙巾擦乾水分即可(右圖)。

○ 切開

若是切好的魚塊,將皮面朝上會較容易切開。

○ 劃刀

將皮面朝上,在偏厚的地方劃上1～2刀。這樣比較容易煮熟,外觀也較好看。

○ 撒鹽

將魚塊排在平底方盤中,從稍高處撒遍鹽。靜置片刻後會釋出多餘水分,就不會有腥味了。

○ 灑酒

撒完鹽後,接著灑酒,更能去腥並增添風味。西洋料理多半使用白葡萄酒。

○ 擦乾水分

撒完鹽和酒後,用廚房紙巾擦乾表面的水分。

○ 撒上麵粉

將魚排在平底方盤中,撒上麵粉,上下兩面和側面都要(左圖),再輕輕拍掉多餘的麵粉,只留下薄薄一層即可(右圖)。適用於法式奶油香煎或嫩煎等。

 依魚的大小、銷售方式和切法而不同。想要去骨的話,可以請店家幫忙處理。

【竹莢魚】

一般說到竹莢魚，指的是「真鰺」。
特徵為魚身的側面有鋸齒狀的稜鱗。
接近尾部的稜鱗尤其堅硬，
建議去掉後再烹煮。

背鰭

胸鰭　　鋸齒狀的稜鱗

● 去除稜鱗

砧板上鋪報紙，如果有稜鱗就用菜刀去除，而靠近尾部較堅硬的稜鱗，則將菜刀平放在稜鱗的根部，然後邊移動邊削掉。

● 切掉魚頭

從胸鰭的根部斜斜入刀，切掉魚頭。有些料理也會去掉魚尾。

● 去除內臟

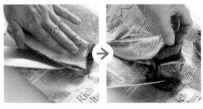

用菜刀劃開腹部，從魚頭的切口一直劃到肛門附近（左圖），然後用刀尖將內臟扒出來（右圖）。內臟弄破就會滿是腥味，要特別注意。切下的魚頭和內臟等用報紙包起來丟棄。

● 清洗

 →

將魚放進充足的水量中，用手指輕輕刷洗魚肚內部，去除血塊等髒汙（左圖）。最後用流水沖洗，再用廚房紙巾擦乾表面的水分（右圖）。

● 撒鹽

 →

將魚放進平底方盤中，兩面都要撒上鹽（左圖）。從稍高一點的地方撒鹽比較能撒得均勻。靜置約 20 分鐘（右圖）。

● 擦乾水分

用廚房紙巾將表面的水分擦乾。也可一併去掉竹莢魚的腥味。

竹莢魚的開背法

① 去除竹莢魚的頭和稜鱗後，將背部朝向自己這邊，然後菜刀放平，從魚頭往背鰭上面橫劃一刀。

② 沿著切痕將菜刀劃進去，一點一點切開來。碰到中骨，就貼著中骨上面朝魚尾切開。

③ 用廚房紙巾包住內臟後拿掉。再用廚房紙巾將殘留的血塊等髒汙擦掉。

④ 和 2 同樣用菜刀劃出切痕再劃進去，將魚身整個切開。

 Q 我很愛吃竹莢魚和秋刀魚，但事前處理很麻煩！有沒有人可以幫忙處理呢？

【秋刀魚】

秋刀魚的產季從夏天到秋天。
牠的魚鱗在捕上船時就去掉了，
因此幾乎沒有魚鱗。
鹽烤新鮮秋刀魚的話，
不去掉魚頭和內臟也可以。

胸鰭

⑤ 皮面朝下，用廚房剪刀從尾部將中骨剪開。魚身中間偏硬的部分也是用廚房剪刀剪開。

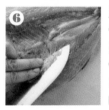

⑥ 用菜刀斜斜切進腹骨的下方，像要削出薄片般地削去腹骨。再將尾部朝向自己，去除另一側的腹骨。

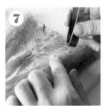

⑦ 用手指摸著中骨的痕跡，將殘留的小骨用夾子拔掉。若沒有專用的夾子，就直接用手拔掉。

完成了！

○ 切掉魚頭

砧板上鋪報紙，放上秋刀魚，從胸鰭的下方斜斜入刀，切掉魚頭。

○ 切成圓筒狀

將魚身切成 3 等分，就是連同骨頭、內臟一起切成圓筒狀。

○ 拔掉內臟

用手指或筷子插進切口，將內臟擠壓出來。用鋪在下面的報紙將魚頭和內臟包起來丟棄。

○ 清洗

將秋刀魚放在充足的水量中清洗。用手指伸進魚肚內，將殘留的血塊等髒汙挖出來，最後用流水沖洗。

○ 擦乾水分

用廚房紙巾確實擦乾水分。

【烏賊】

烏賊的種類非常豐富！
最普遍的就是漁獲量最多的魷魚（如圖）。
烏賊是海鮮類中最容易處理的食材。
只要學會處理順序和要訣，
就能成為一名烏賊達人了。

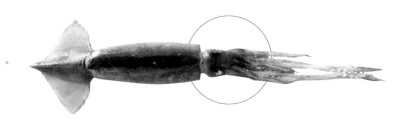

● 拔出內臟

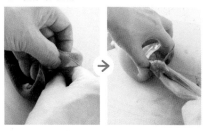

將手指伸進烏賊的肚子裡，仔細將內臟剝下（左圖），然後手拿著腳的根部，直直拉出，就能拉出內臟（右圖）。

● 去除軟骨

拔出魚身內側的軟骨。

● 切開腳

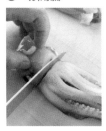

若要使用腸子，就從腳的根部切開，將菜刀劃進眼睛下方，切開腳的部分。

● 去掉魚嘴

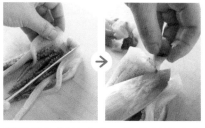

縱向切入腳的中間，然後打開（左圖），將堅硬的魚嘴部分拿起來切掉（右圖）。

● 去掉吸盤

用廚房剪刀剪掉附著在腳上的大吸盤。

● 清洗

將烏賊放進充足的水量中清洗。用手指伸進肚裡，清掉殘留的內臟等髒汙，再用流水沖洗，以廚房紙巾擦乾水分。

● 切開腳

腳的部分是每2根切開。長度則依料理而定。

● 劃刀

不切開就要煮時，請先將身體打橫，每隔8mm縱向劃出淺淺的刀痕。這種切法容易煮熟，烏賊也不會蜷縮起來。

● 切成圓片

先將烏賊打橫，從邊緣開始切出約1.5cm寬。這種切法容易煮熟，適用於各種料理。

Q 烏賊只有兩隻腳比較長，那是牠的手嗎？

【蝦子】

草蝦、白蝦等都是大家熟悉的品種。
通常都是把容易腐敗的蝦頭去掉再冷凍。
只要去除髒污、徹底洗淨，滋味
就會很清爽。

草蝦　　　　白蝦

○ 清潔腸子

要使用腸子，就用手將附著在腸子前端的內臟拔掉。

手拿著墨囊（黑色的筋狀物）的一端，小心地去掉，不要弄破。

○ 剝殼

用拇指一節一節地剝除。若要留下尾巴就從連接尾巴那一節開始剝。若要將蝦殼全部剝掉，就從蝦頭開始剝，再將最後的尾巴輕輕拔掉。

○ 在背部劃刀

將菜刀放平，在背部劃刀。這種切法容易煮熟，而且開背後蝦子也會顯得比較有分量。

○ 去除泥腸

在背部劃刀後，如果有泥腸（泛黑的筋），就用刀尖挑出來。無頭蝦子多半沒有泥腸。

○ 撒上太白粉和鹽之後清洗

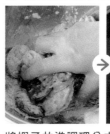 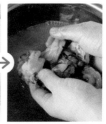

將蝦子放進調理盆中，撒上太白粉和鹽，搓揉約1分鐘。太白粉會吸附蝦子的髒污而變黑（左圖）。倒入水，快速清洗（右圖）。最後用流水沖洗再瀝乾。

○ 擦乾水分

用廚房紙巾包住清洗好的蝦子，擦乾水分。

Ⓐ 其實10根全是手，但一般都說是腳。最長的2隻也稱為觸手，用來捕捉獵物。

【生魚片】

將菜刀朝自己的方向薄削下來，這種切法的切口較大，
適合做成生魚片和握壽司。平板狀是生魚片的傳統切法，
只要垂直切下即可，但稍微斜切會顯得比較長，盛盤比較漂亮。

鮪魚

鯛魚

薄削成片

鮪魚

1 菜刀放平，將刀刃末端放在魚肉的左側（左撇子則放在右側）斜切。另一隻手的指尖輕輕按住魚肉。

2 將菜刀往自己的方向慢慢拉，斜切進去。

3 拉到刀尖的位置，同時斜切下來。

4 讓切下來的肉片往左側倒，放在砧板旁邊。切口朝上地疊起來盛盤會更好看。

鯛魚

將皮面朝下，由肉薄的部分開始切。然後和鮪魚一樣，將刀刃末端放在魚肉上，朝自己的方向邊拉邊切。

水煮章魚腳

將章魚腳粗大的部分朝向自己，切口放在左側（左撇子則放在右側），菜刀放平，斜斜地削成薄片。

每切一次就要擦一次菜刀

切生魚片時，要先準備一條濕布，每切一次就用濕布擦拭菜刀的兩面。讓菜刀保持在乾淨狀態，不但會更好切，切口也會更漂亮，當然就賞心悅目了。

切成平板狀

鮪魚

1 將菜刀的刀刃輕輕放在右側（左撇子則從左側）起1cm處，做個記號。

2 垂直拿著菜刀，刀刃的末端放在記號上面開始切。

3 菜刀一邊往自己這邊拉，一邊拉到刀尖處，慢慢地切下。

4 用菜刀將生魚片移到右邊。

  Q 如果不小心把鮪魚生魚片切得破破爛爛的，要怎樣才能端上桌呢？

【蛤蠣】

蛤蠣棲息在較淺的海底或海灘，
烹煮前須讓沙子吐出來。
有些包裝上會標示「已經吐沙」，
但最好還是再吐沙一次比較安心。

【鮪魚罐頭】

將鮪魚或鰹魚油漬起來的罐頭。
沒有骨頭也沒有皮，
非常方便使用，
是相當受歡迎的食材。
形狀有塊狀、一口大小、碎片等。
烹調方法除了油漬之外，
也可以煮湯。

鯛魚

將皮面朝上，由肉薄的部分開始切。然後和鮪魚一樣，從右側（左撇子則從左側）起垂直切下。

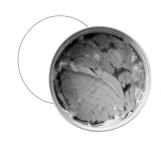

做做看！

生魚片拼盤

材料（2 人份）
鮪魚（紅肉／生魚片用／魚塊）
100g　鯛魚（生魚片用／魚塊）
100g　蘿蔔（切絲）50g　青紫蘇
2 片　山葵適量

1 將蘿蔔泡在水裡約 20 分鐘變脆。用濾網盛起瀝乾，再用廚房紙巾擦乾水分。
2 將鮪魚和鯛魚切成平板狀。
3 將 **1** 裝在盤子裡，堆得高高，然後放上青紫蘇，再將 **2** 立起來似地放上去，旁邊再放上山葵。

1 人份為 170kcal
調理時間為 10 分鐘 *

* 不含蘿蔔泡水的時間。

○ 吐沙

在平底方盤中放進相當於海水濃度的鹽水（約 3%，比例為 1 杯水對 1 小匙鹽），然後放進蛤蠣鋪開來。蓋上報紙，放進冰箱冷藏 30 分鐘以上。

○ 刷洗

蛤蠣吐沙後，瀝掉鹽水，再放進水中，讓殼與殼互相磨擦地清洗乾淨，然後瀝乾。

○ 瀝掉湯汁

打開鮪魚罐，用蓋子按住鮪魚肉，瀝掉湯汁。有些料理可以利用湯汁。

○ 攪碎

將鮪魚肉放在調理盆中，用叉子的背面按壓成粗末。如果本身已經是碎片狀，就無須攪碎。

A 可以把鮪魚片切碎，用和風沙拉醬調味，做成生拌鮪魚末。

豆腐的事前處理

豆腐能夠吃到大豆溫和的美味，豆腐種類繁多，如木綿豆腐和絹豆腐等。而將豆腐油炸成油豆腐皮或油豆腐，則能吃到與豆腐截然不同的口感。

【豆腐】

木綿豆腐的做法是一邊去掉水分一邊凝固，因此大豆滋味濃郁，特色是比絹豆腐更不易變形。絹豆腐則是口感柔嫩滑順。
請配合用途及個人喜好選用。兩者的事前處理都一樣，
重點在於不破壞形狀的切法訣竅，以及瀝掉水分的方法。

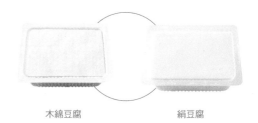

木綿豆腐　　　　　　絹豆腐

● 輕輕拭去水分

將廚房紙巾攤開，再將豆腐放上去，然後包起來輕輕吸掉表面的水分。適用於涼拌豆腐時。

● 放在廚房紙巾上再切

將豆腐放在廚房紙巾上再切，會比較容易拿起來，紙巾也會吸收切口流出來的水分，就不會變得軟爛。

● 切成小丁狀

將寬度切成豆腐厚度的一半（約2cm寬），再打橫放倒對切。再轉90度，從邊緣開始切成寬度一致的小丁狀。

● 撕開

用手撕開，切口會凹凸不平，更容易入味。適用於熱炒或攪碎使用時。

● 用濾網篩過

將豆腐放進帶柄的濾網中，用橡皮刮刀或湯匙的背面按壓過篩。這樣會讓口感更滑順，適用於涼拌豆腐。

● 去掉水分

平底方盤中鋪廚房紙巾，再將豆腐的兩個切口朝上下排進盤中。將紙巾包住豆腐靜置15～30分鐘以去掉水分。其實所需時間依料理而不同，請依食譜指示。去掉水分後，豆腐就不會軟爛，煎出來的顏色比較漂亮。

● 沾麵粉

平底方盤中鋪滿麵粉，將豆腐排進去，上面撒麵粉。側面也要沾滿麵粉，然後輕輕拍打，只留一層薄薄的麵粉即可。

  Q 曾聽人家說把豆腐「切成方塊」，請問是指切成8塊嗎？

【油豆腐皮】

將豆腐切成薄片，完全脫水後再油炸。口感獨特，用在料理上可以增加濃郁度。可以當成湯類或麵類的配料，也可以弄成袋狀，裡面填裝餡料烹煮。調理時要去除過多的油脂。

◎ 去除油脂

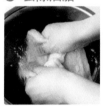

將炸豆腐皮放在溫水中，以搓揉的方式清洗。去掉油脂和異味後比較容易入味。

◎ 切成 1～2cm 寬

將炸豆腐皮直放，縱向對半切開，再換個方向從邊緣開始切成 1～2cm 寬。適用於湯品、燉煮料理等。

◎ 弄成袋狀

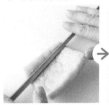

將長度對半切開，然後放在砧板上，用筷子邊滾動 2～3 次邊輕壓，讓它變得比較容易剝開（左圖）。將切口輕輕剝開，手指伸進去弄成袋狀（右圖）。適用於裝進餡料烹煮或做成豆皮壽司。

【油豆腐】

以重物壓住切成厚片狀的豆腐，讓它確實瀝乾後，再以高溫油炸。表面為褐色，裡面則是白色，就跟豆腐差不多。事前處理的重點在於去除油脂，讓它更容易入味。

◎ 去除油脂

將油豆腐放在溫水中刷洗。去掉油脂和異味後比較容易入味。

◎ 撕開

用手撕成容易入口的大小，切口會凹凸不平容易入味。

◎ 沾麵粉

切口的白色部分較不容易入味，因此要撒上麵粉，然後用手將整個塗滿。適用於照燒等要裹上醬汁的料理。

做做看！

鹽蔥醬涼拌豆腐

材料（2 人份）
木綿豆腐或絹豆腐 1 塊（300g）
蔥 ½ 根　鹽、白芝麻粉各 ½ 小匙
酒 ½ 大匙　胡椒少許
芝麻油 1 大匙

1 調製鹽蔥醬汁。將蔥切成碎末，放進調理盆中，再放進鹽、芝麻粉、酒、胡椒、芝麻油，混拌。
2 砧板上鋪廚房紙巾，放上豆腐，輕輕擦乾表面的水分，對半切開。
3 將豆腐放進盤中，再放上 **1**，宜放成小山狀。

1 人份為 180kcal
調理時間為 5 分鐘

Ⓐ 就是把豆腐切成大四方形，也就是約 4cm 的正方形豆腐塊。

乾貨與海藻的事前處理

可以保存很久的乾貨和海藻，在無法上街買菜時，就能派上用場。依食材不同，泡水回軟等事前處理的要訣也不盡相同，請確實學起來喔！

【蘿蔔乾】

將蘿蔔切開、乾燥後的產品。
建議使用能馬上軟化的蘿蔔乾絲，
因為它烹煮前不必泡水，
只要在水中搓一搓就能變軟，
也能保留咬勁。

○ 快速洗一下

將蘿蔔乾放進調理盆中，倒進可浸泡的水量，然後快速清洗，去掉髒污。

○ 搓洗

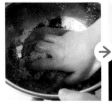 →

洗好的蘿蔔乾放進調理盆中，然後注入約可浸泡一半蘿蔔乾的水量，用手仔細搓揉（左圖）。冒出很多泡沫後擠乾水分（右圖）。重複這個步驟 2 次。

【冬粉】

將澱粉揉成麵條狀，通常以綠豆、
馬鈴薯或番薯的澱粉為原料。
使用綠豆做成的冬粉很 Q，
即使煮再久也不會失去彈性，
推薦使用。

○ 快煮

將冬粉放入充足的熱水中，以中火約煮 1 分鐘。煮久會爛爛的，須注意。

○ 瀝掉水分

 →

水煮後放在水裡冷卻，再放進濾網中，用手按壓瀝掉水分（左圖），再用廚房紙巾擦乾水分（右圖），會比較容易入味。

Q 乾貨可以長期保存。放在哪裡都沒問題嗎？

【羊栖菜】

海藻的一種,一般為水煮後再乾燥。可以利用類似細枝部分的芽羊栖菜(如圖),或是利用莖部的莖羊栖菜。芽羊栖菜的泡水時間比較短,也不必切開,非常方便。

● 泡水

將羊栖菜泡在水裡,快速洗一下,瀝掉水分。再放進充足的水量中靜置 20～30 分鐘,就能恢復柔軟。

● 瀝掉水分

放在濾網上瀝掉水分,再用廚房紙巾擦乾水分。

【海帶芽切片】

海帶芽切片是將新鮮海帶芽汆燙後,鹽漬做成鹽醃海帶芽,再洗淨、切成容易入口的大小,加以乾燥後的成品。可以省下切菜的工夫,泡水的時間也很短,非常方便。

● 泡水回軟

將海帶芽切片放進調理盆中,再倒進剛好可以淹沒的水量,靜置 5～10 分鐘。放在濾網上瀝掉水分。泡水時間可依料理調整。

【烤海苔】

將乾海苔以高溫快速烤過,香氣十足,可以直接使用。一整片海苔為長 21cm、寬 19cm。此外,配合用途,市面上也有各種大小的海苔。海苔容易受潮,處理時請保持雙手乾燥。

● 剪成帶狀

用廚房剪刀像剪紙那樣剪開。適用於飯糰。

● 切成細絲

將剪成帶狀的海苔疊起來,用廚房剪刀從邊緣開始剪成細絲。可以放在拌菜、麵類、湯品上。

● 撕成碎片

用手撕成 4 等分,重疊起來,再撕成碎片。可以放進沙拉、拌菜裡,也可以煮開使用。

A 可以常溫保存,但不耐日照和潮濕,因此拆封後請放進夾鍊袋或密封容器裡,並保存在陰涼的地方。

蛋的事前處理

由於蛋能生吃，因此往往疏忽事前處理。不過，做好基本的事前處理後，美味和烹煮成果將大為不同。要訣在於配合料理將蛋打到適當的程度！

○ 恢復常溫

如果要水煮蛋，請在烹煮之前從冰箱拿出來，靜置20分鐘以上讓它恢復常溫。這樣蛋殼比較不容易破。

○ 剝蛋殼

輕敲平坦的桌子，產生裂痕後再對半剝開。如果去敲尖銳的地方，蛋殼容易跑進裡面，請留意。

○ 打蛋

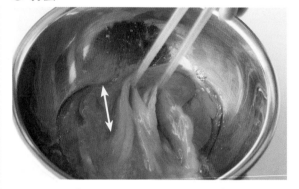

將蛋打進調理盆中，用筷子的前端輕輕弄破蛋黃，以直線快速來回的方式攪開。兩根筷子要稍微有些間隔，像在刷調理盆的底部似地快速攪開，就不容易起泡了。

↓ 　　　　　　　↓ 　　　　　　　↓

輕輕攪開
（約 10 次）

用筷子來回輕輕攪拌10次，留下一些蛋白團，讓蛋呈濃稠狀態。適用於蛋花湯、滑蛋等想將蛋煮得蓬軟時。

充分攪開
（約 30 次）

用筷子來回攪拌30次，讓全體呈黃色，並保留適當的黏稠狀態。這是基本的打蛋方式，適用於煎蛋或歐姆蛋等。

徹底攪開
（40 ～ 50 次）

用筷子來回攪拌40～50次，將蛋汁徹底攪拌均勻。蛋汁會偏白色，且呈滑順狀態。適用於茶碗蒸、有很多餡料的歐姆蛋等。

○ 過濾

將打散的蛋，或是加了調味料、高湯的蛋液以濾網過篩。這樣可以去掉蛋殼和蛋白團，口感更滑順。

宜在烹煮之前才打蛋

將蛋打出來後，時間一久會失去黏性，蛋煮出來就不會蓬軟。所以做蛋料理時，請先將其他食材處理好，最後才打蛋，並快速進行烹煮作業。總之，就是在含蛋殼的狀態下讓蛋恢復常溫。

第**3**堂課

烹煮技巧

烹調方法雖然有很多種，但都有一些共通點。
而這些共通點正是提升美味的技巧。
充分理解後，請實際挑戰食譜，
讓你的料理與眾不同！

「煎」的基本技巧

「煎」是普遍又受歡迎的烹煮方法，嫩煎、煎漢堡肉、紅燒等，都會用到。請學會不燒焦、確實熟透，並且保持鮮嫩多汁的煎法吧。

放油 ……………→ 放進食材 …………→ 煎 …………

◉ 以中火加熱

平底鍋中放油，以中火加熱。把手放在鍋子上，感覺到熱度，就表示油已經熱了。然後將鍋子傾斜，讓油流遍鍋底後才放進食材。

◉ 薄塗

用極少量的油來煎時，就用吸了油的廚房紙巾來薄塗鍋底。此外，也可以放進少量的油，再用廚房紙巾塗遍整個鍋底。

◉ 正面朝下

煎魚時，盛盤時當成正面的那一面先煎會比較漂亮。如果是魚的切塊，基本上是有皮的那一面當成正面。

◉ 皮面朝下

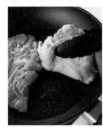

煎雞肉時，將帶皮那面朝下入鍋，先煎帶皮那面，皮就不會縮起來，而且能煎出漂亮的金黃色。

◉ 不放油，放進冷鍋裡

漢堡肉或豬五花肉等脂肪較多的食材，可以不放油直接煎。將食材放進冷的平底鍋中，以中火加熱，慢慢煎熟。

◉ 邊按壓邊煎

煎雞腿肉或雞翅時，宜用夾子按壓，讓皮面接觸到平底鍋，這樣才能將皮煎得酥脆。

◉ 邊擦拭油脂邊煎

煎雞腿肉或魚時，一邊煎一邊用廚房紙巾擦拭流出來的油脂，這樣味道才會清爽，也不會有異味。

◉ 靠在鍋邊煎

用平底鍋煎魚時，可以用木匙和筷子挾住魚，讓魚靠在鍋子的邊緣煎，這樣魚背才能確實煎熟。

Q 表面明明燒焦了，裡面卻沒熟？這到底怎麼回事？

→ 完成

○ **用夾子翻面**

煎的那一面如果呈現焦色,就可以翻面。偏厚的肉,用夾子較易翻面。

○ **用木匙和筷子翻面**

漢堡肉或魚等容易變形的食材,可以用木匙和筷子輕輕挾起來翻面。

○ **蓋上鍋蓋**

偏厚的肉類和魚類、漢堡肉等,可翻面後蓋上鍋蓋,將熱氣鎖在鍋中慢慢燜熟。有些料理可以在此時加上少量的水。

○ **檢查**

用竹籤刺進中央較厚的部分,然後將竹籤放在手背上,如果感覺溫熱,表示熟了。如果還是冷的,就再煎1~2分鐘。

○ **調味**

 →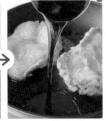

用醬汁調味時,請先用廚房紙巾擦拭流出來的油脂(左圖)。熄火後,再倒進醬汁(右圖)。去除油脂會讓醬汁更容易入味。

○ **煮出光澤**

加進醬汁後,以中火煮沸,然後不時翻面慢慢煮,不但能讓醬汁入味,也會煮出光澤。

○ **裹上奶油**

用奶油為煎魚增添風味時,請用湯匙將融化的奶油均勻地淋上去。這樣就不必將魚翻面,也不會將魚身弄破。

○ **靜置**

偏厚的肉煎好後,如果立刻切開,肉汁就會流出來,請先靜置約5分鐘後再切。

○ **用煎好肉的平底鍋來烹煮醬汁**

當平底鍋煎好肉後,鍋中會殘留肉的美味,這時可以將材料放進去,繼續烹煮醬汁。如果有鍋巴,就先輕輕擦掉。

A 這是因為食材的溫度太低了。偏厚的肉類,宜在下鍋前20分鐘從冷藏庫取出恢復至常溫。

【嫩煎雞肉佐番茄醬】

煎完雞肉後，用鍋中殘留的油直接炒新鮮的番茄，
做成簡單的番茄醬汁後，再淋在煎到焦香的雞肉上。

材料（**2** 人份）
雞腿肉························· 2 片
　　　　（400 ～ 450g）
鹽···························· ½ 小匙
胡椒·························· 少許
沙拉油······················ 少許
番茄醬
┌ 番茄·········· 2 個（350g）
│ 鹽·························· ½ 小匙
└ 胡椒······················ 少許

🗑 1 人份為 350kcal
🕐 調理時間為 20 分鐘 *

* 不含雞肉恢復常溫、預先調味
　的時間。

❶ 事前處理
讓雞肉恢復常溫，去掉多餘的脂肪，在肉上劃出 3 ～ 4 道淺淺的刀痕（參考 P.42）。放進平底方盤中，兩面皆撒上鹽和胡椒，靜置約 10 分鐘。

❷ 煎
用廚房紙巾將沙拉油薄塗於平底鍋中，以稍強的中火加熱，約 10 秒鐘後將雞肉皮面朝下排進去，煎 2 ～ 3 分鐘。稍微流出油脂後，用夾子按壓煎 3 ～ 4 分鐘。過程中須用廚房紙巾擦拭流出來的油脂。煎到呈金黃色後，翻面，以中火續煎 4 ～ 5 分鐘。取出放進平底方盤中，靜置約 5 分鐘。

❸ 烹煮番茄醬汁
番茄去蒂，切成 2cm 小丁狀。直接以中火加熱❷的平底鍋，放進番茄炒 3 ～ 4 分鐘，撒上鹽和胡椒。將❷薄切成容易入口的大小，盛盤，淋上番茄醬汁。

Q 　煎雞腿肉，食譜書上卻寫「沙拉油少許」，這樣肉難道不會黏在平底鍋上嗎？

【鹽煎雞翅】

表面煎得酥酥脆脆，
可以直接品嘗到雞翅的美味。

材料（2 人份）
雞翅⋯⋯ 6 ～ 8 隻（400g）
鹽⋯⋯⋯ ½ 小匙（不刮平）
黑胡椒（粗粒）⋯⋯⋯⋯少許
沙拉油⋯⋯⋯⋯⋯⋯⋯⋯少許
檸檬（切成月牙形）⋯⋯適量
七味粉⋯⋯⋯⋯⋯⋯⋯⋯適量

🗑 1 人份為 230kcal
🕐 調理時間為 20 分鐘 *

* 不含雞翅預先調味的時間。

❶ 事前處理

用冷水清洗雞翅，擦乾水分。用廚房剪刀沿著骨頭剪出切痕（參考 P.44）。撒上鹽和黑胡椒，約靜置 20 分鐘入味。

❷ 煎

用廚房紙巾將沙拉油薄塗於平底鍋中，用稍強的中火加熱，約 10 秒後將雞翅皮厚的那面朝下排進去，用夾子邊按壓邊煎 8 分鐘。翻面後轉成中火，續煎 6 分鐘，過程中須用廚房紙巾擦拭流出來的油脂。

❸ 盛盤

盛盤，將對半切的檸檬片和七味粉放在旁邊。

材料（2 人份）
新鮮鮭魚⋯⋯⋯⋯⋯⋯ 2 塊
　　　　　　（250 ～ 300g）
　⎡ 鹽⋯ ½ 小匙（不刮平）
A ⎢ 胡椒⋯⋯⋯⋯⋯⋯少許
　⎢ 白葡萄酒（或酒）⋯⋯⋯
　⎣ ⋯⋯⋯⋯⋯⋯⋯⋯ 1 小匙
麵粉⋯⋯⋯⋯⋯⋯⋯⋯ 1 大匙
沙拉油⋯⋯⋯⋯⋯⋯⋯ ½ 大匙
奶油⋯⋯⋯⋯⋯⋯⋯⋯ 2 大匙
醬油⋯⋯⋯⋯⋯⋯⋯⋯ ¼ 小匙
青菜（或生菜）⋯⋯⋯⋯適量
胡蘿蔔（切絲）⋯⋯⋯⋯少許
檸檬⋯⋯⋯⋯⋯⋯⋯⋯適量

🗑 1 人份為 290kcal
🕐 調理時間為 20 分鐘 *

* 不含鮭魚預先調味的時間。

❶ 事前處理

依序將 A 撒遍鮭魚，約靜置 20 分鐘入味。用廚房紙巾擦乾鮭魚的水分，沾上一層薄薄的麵粉。

❷ 煎

平底鍋中放入沙拉油，以中火加熱，將要擺出來的那面朝下，約煎 4 分鐘後翻面，再續煎 2 ～ 3 分鐘熄火，然後用廚房紙巾擦拭平底鍋。再開中火，依序加入奶油、醬油，再淋上融化的奶油，蓋上鍋蓋，約蒸煎 2 分鐘。

❸ 盛盤

盛盤，將撕碎的青菜和胡蘿蔔絲混合，放在鮭魚旁邊，再淋上鍋中殘留的湯汁。再放上切成半圓形的檸檬。

【法式奶油香煎鮭魚】

這是法式料理的作法，
用麵粉將美味完全鎖住，
煎出美麗的焦黃色。

 煎的過程中，皮的部分會釋出脂肪，所以不會黏鍋喲！

「炒」的基本技巧

雖然這不算困難的烹飪方法，但如果要炒出清脆的口感，還是有一些祕訣的。請確實掌握食譜上的說明以及各個步驟的要領。

準備 ┈┈┈┈┈→ 放進食材 ┈┈┈┈→ 加熱 ┈┈┈┈┈┈

◎ 先把調味料混合好

開始炒之前，先把調味料混合好。如果不能快炒完成，料理就會變得軟爛，所以請事先調配好。

◎ 放入冷油及大蒜

想用有大蒜香的油來炒的話，就將油和大蒜放進平底鍋後再開火、慢慢加熱。將大蒜放進熱油中容易燒焦而變苦，須特別留意。

◎ 先放入根部

例如青江菜，各個部位的厚度不盡相同，請先放不容易煮熟的根部，並且要在鍋中攤開，再放中間的莖部，最後放柔軟的葉子。

◎ 蔬菜放在四周或上面

炒肉類拌蔬菜時，將不容易煮熟的肉類放在鍋子中央，旁邊再放香菇，最後放易熟的豆芽菜等。

◎ 分散放

如果是豆腐拌炒其他食材，就將豆腐分散放，切成小塊的肉類放在豆腐其中，這樣不但容易混拌，豆腐也比較不會變形。

◎ 邊按壓邊加熱

放進食材，用木匙輕輕按壓，蓋上鍋蓋燜一下，這樣熱氣不會跑掉，能夠縮短炒的時間，料理也不會變得軟爛。

◎ 放入材料後先靜置加熱

放進蔬菜後，不要立刻翻炒，應攤開靜置1～2分鐘（左圖）。然後放入肉類，也是先稍微放著加熱一下（右圖）。之後混拌時，就能快速煮熟。

Q　要使用中華料理鍋才能炒得好吃，對吧？

→ 炒 ·· → 完成 ·········→

◉ **炒到散發香氣為止**

放入大蒜或生薑等，先炒到冒出細緻的氣泡後，油中就有香氣了。這時候才放進食材。

◉ **用挾起的方式上下翻炒**

切成大片的蔬菜，宜用木匙和筷子一起挾起來，將全體上下翻炒。

◉ **從底部挖起來，上下翻炒**

依序放進食材後，用木匙從底部挖起來上下翻炒。

◉ **邊撥開邊炒**

炒絞肉時，請用木匙像切肉般先粗略地撥開，再細細撥開，邊撥邊炒，將絞肉撥散開來。

◉ **炒到全部都裹上油為止**

炒到全部都裹上油並出現光澤為止。這時候才繼續放食材，或是加湯汁。

◉ **炒到變軟為止**

炒到熟得差不多、變軟，這時候才放蔥或洋蔥等香料蔬菜下去炒。

◉ **炒到肉色變白**

在紅肉炒到變白之後，即代表差不多熟了。這時候可以陸續加入其他食材，或是開始進行調味。

◉ **快炒**

快速拌炒約 10～30 秒即可。適用於最後才放進容易煮熟的食材時。

◉ **撒鹽**

若要用鹽調味，宜在快要煮熟時放。太早放鹽蔬菜會出水而爛爛的。

◉ **在中間撥出空隙，放進調味料**

如果是液態調味料，就在食材中間撥出空隙直接倒進平底鍋底。這樣就能迅速調味並散發香氣。

◉ **收汁**

最後用大火大大地拌炒收汁。

Ⓐ 底部呈圓弧狀的中華料理鍋，並不適合家庭用的瓦斯爐。它不易傳熱，反而容易失敗。初學者還是使用平底鍋為宜。

「炒」的教學食譜

【蒜炒青江菜】

青江菜可以吃到葉子和葉柄的不同口感。
只要加點鹽快炒，就能品嘗到原汁原味。

材料（2 人份）

青江菜⋯⋯⋯⋯⋯⋯⋯⋯ 2 棵
蒜⋯⋯⋯⋯⋯⋯⋯⋯⋯⋯ ½ 瓣
芝麻油⋯⋯⋯⋯⋯⋯⋯⋯ 2 小匙
鹽⋯⋯⋯⋯⋯⋯⋯⋯⋯⋯ ⅓ 小匙
酒⋯⋯⋯⋯⋯⋯⋯⋯⋯⋯ 1 大匙
胡椒⋯⋯⋯⋯⋯⋯⋯⋯⋯少許

🗑 1 人份為 60kcal
🕐 調理時間為 10 分鐘

❶ 事前處理
將青江菜的長度切成 3 等分，葉柄的部分再縱切成 6 等分。大蒜縱向對切，去掉芯後，再橫向切成薄片。

❷ 炒
平底鍋中放入芝麻油和大蒜，以中火加熱，香氣出來後，依序放進青江菜的葉柄、菜葉。以木匙邊按壓邊加熱約 1 分鐘，再用木匙和筷子挾起來上下翻炒約 30 秒。

❸ 調味
撒上鹽，以畫圓方式淋上酒。然後轉成大火，炒 30 秒收汁，最後撒上胡椒拌炒。

材料（2 人份）

豆芽菜⋯⋯⋯⋯⋯⋯⋯⋯200g
鮮香菇⋯⋯⋯⋯ 6 朵（100g）
豬肉片⋯⋯⋯⋯⋯⋯⋯⋯200g
芝麻油⋯⋯⋯⋯⋯⋯⋯⋯ ½ 大匙
鹽⋯⋯⋯⋯⋯⋯⋯⋯⋯⋯ ½ 小匙
胡椒⋯⋯⋯⋯⋯⋯⋯⋯⋯少許

🗑 1 人份為 300kcal
🕐 調理時間為 15 分鐘

❶ 事前處理
將豆芽菜泡在充足的水量中約 5 分鐘，然後放在濾網上瀝乾，再用廚房紙巾擦乾水分。鮮香菇去掉蒂頭，將蒂的部分縱切成 4 等分。菇傘的部分則切成薄片。

❷ 炒
平底鍋中放入芝麻油，以中火加熱，放進豬肉，攤開煎約 1 分鐘。待豬肉周圍變色後，全部撥到中間，然後四周放入鮮香菇，上面放豆芽菜，用木匙邊按壓邊加熱約 2 分鐘，再上下翻炒約 1～2 分鐘。

❸ 調味
撒上鹽、胡椒，續炒約 1 分鐘入味。

【鹽炒豬肉拌豆芽菜】

炒這道菜的要訣在於不要將豆芽菜炒太熟，保留清脆的口感。
最後才撒鹽，讓全體均勻入味。

Q 炒肉類加蔬菜時，要先炒肉還是先炒菜？

【味噌炒青椒拌豬肉】

用味醂稀釋味噌，會比較容易裹在食材上面。
這是一道三兩下就搞定的可口料理。

材料（2 人份）
青椒····························· 3 個
蔥······························· 1 根
薑······························· 1 瓣
豬肉片·······················150g
麵粉·························· 1 小匙
A ⌈ 味噌·················· 2 大匙
　 ⌊ 味醂·················· 2 大匙
沙拉油····················· 2 大匙

🗑 1 人份為 410kcal
🕐 調理時間為 10 分鐘

❶ 事前處理
青椒切成滾刀塊，去掉蒂和
種籽。蔥則斜切成 1cm 寬的
薄片。生薑刮掉皮後切成薄
片。豬肉大致撒上麵粉。將
A 混合拌勻。

❷ 炒
平底鍋放沙拉油，以中火加
熱，放進生薑炒香，再放進
豬肉，大致攤開並靜置加熱
約 1 分鐘。將豬肉撥到中
央，四周放青椒和蔥，用木
匙邊按壓蔬菜邊加熱約 2 分
鐘，再上下翻炒。

❸ 調味
在平底鍋中央撥出空隙，放
進 A，拌炒約 1 分鐘，讓食
材完全裹上調味汁。

材料（2 人份）
西洋芹·························· 2 根
牛肉片·······················150g
A ⌈ 砂糖················· 1 小匙
　 ⌊ 醬油················· 1 小匙
　 ⌈ 味醂················· 1 大匙
B │ 醬油················· 1 大匙
　 ⌊ 七味粉·············· ½ 小匙
芝麻油······················1⅓ 大匙
七味粉·························少許

🗑 1 人份為 370kcal
🕐 調理時間為 10 分鐘

❶ 事前處理
去掉西洋芹的纖維，粗莖
的部分斜切成 5mm 寬的薄
片，細莖的部分先切成 4～
5cm 長，再縱切成薄片，葉
片部分則撕成容易入口的大

小。將 A 依序加進牛肉中，
揉勻。將 B 混拌均勻。

❷ 炒
平底鍋中放進 1 大匙的芝麻
油，以中火加熱，將西洋芹
的莖放進鍋中並攤開，靜置
加熱 1～2 分鐘後，翻炒
1～2 分鐘。然後在中央撥
出空隙，放進牛肉，待肉的
下半部變色後翻面，再和西
洋芹拌炒。

❸ 完成
在平底鍋中間撥出空隙，放
進 B，全體拌勻。拌炒至湯
汁變少為止。放進西洋芹的
葉片，快速拌炒。淋上 1 小
匙芝麻油拌炒。盛盤，再撒
上七味粉。

【西洋芹炒牛肉】

將西洋芹炒得鹹鹹甜甜，做出金平牛蒡的風味。
西洋芹的香氣能引出牛肉的美味。

Ⓐ 各種料理的情況不一。請依照食譜指示烹煮，就能煮出恰到好處的味道和口感了。

「煮」的基本技巧

這是利用湯汁邊加熱邊使食材入味的烹調方法。炒過後再煮、蓋上兩層鍋蓋來煮、蒸煮等,方法很多。要訣在控制火力和利用餘溫。

開始煮 ··········→ 放進食材 ··········→ 煮 ··········

◎ 炒後倒入醬汁

烹煮馬鈴薯燉肉時,先依序將材料放進鍋中炒(左圖),待肉變色後,放進醬汁(右圖)。醬汁的材料宜事先混合好才能快速調味。

◎ 炒後倒入水

若是像豬肉蔬菜味噌湯等最後才放進調味料的料理,就先將材料依序放進鍋中炒(左圖),待肉變色後,再把水倒進去(右圖)。

◎ 醬汁沸騰後再放魚

煮魚時,先將醬汁的材料放進平底鍋中,以中火加熱,煮沸後再放魚。這樣魚的表面能迅速變硬,較不會有腥味。

◎ 醬汁沸騰後再放蔬菜

芋頭或南瓜等容易煮到變形的蔬菜,宜將醬汁煮到沸騰後再放進鍋中。

◎ 邊淋上醬汁邊煮

像魚這類容易煮到變形的食材,要一邊舀起醬汁淋在魚上面一邊煮。這樣就不必翻面也能讓整體入味。

◎ 邊撈掉浮沫邊煮

煮肉類和魚類時特別會有浮沫產生。撈掉浮沫會讓味道更清爽。可以用湯杓撈,再用水沖掉。請注意別撈掉太多的湯汁。

Q 做燉煮料理時,是不是用小火慢慢煮比較好吃?

 完成

○ 蓋上廚房紙巾當成鍋蓋

將廚房紙巾折疊起來，用水打濕，再輕輕擠乾。如果蓋上乾燥的紙巾，會把醬汁吸乾。

將廚房紙巾攤開，直接蓋在食材上。這樣即便醬汁不多，也比較容易讓整體都入味。

再蓋上鍋蓋，將熱氣燜在裡面，就能將食材確實煮熟。

○ 煮到變軟為止

用竹籤刺看看，如果一下就刺穿，表示裡面都煮透。如果刺不太進去，就再續煮1～2分鐘。

○ 蒸

如果有芋頭之類的食材，就要確認煮透再熄火，然後蓋上廚房紙巾和鍋蓋（左圖），蒸煮10分鐘左右。醬汁都滲進食材後，顏色就會變深（右圖）。

○ 熬煮

煮魚的話，最後再拿開鍋蓋，以大火煮沸2～3分鐘，醬汁會變濃郁。

○ 上下翻面

烹煮馬鈴薯燉肉的話，如果醬汁變少了，就用木匙和筷子挾起來上下翻面，讓整體入味。

○ 調味

有些料理是最後才調味。例如加了味噌的湯品或燉物，都是最後才把溶化的味噌放進去，發揮味噌的風味。

○ 用奶油麵糊增加濃稠度

 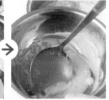
將恢復常溫的奶油攪軟，放進麵粉，充分拌勻（左圖／奶油麵糊）。加入適量的湯汁稀釋（右圖），然後放進鍋中混拌。適用於西式燉菜。

○ 用太白粉水勾芡

 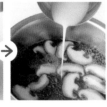
將太白粉充分溶於水（左圖／太白粉水），然後以畫圓的方式倒進沸騰的湯汁中（右圖），拌勻後即會產生濃稠感。適用於日本料理、中華料理的燉物或湯品等。

 不一定。視料理而定，有些就得用大火才能入味。

【馬鈴薯燉肉】

用平底鍋炒好後直接煮。
最後再蒸一下，讓馬鈴薯鬆軟、肉質柔嫩！

材料（**2 人份**）
牛肉片·························150g
預先調味
┌ 砂糖·····················1 小匙
└ 醬油·····················1 小匙
馬鈴薯·················2 ～ 3 個
洋蔥··························½ 個
荷蘭豆······················8 片
醬汁
┌ 砂糖·····················2 大匙
│ 醬油·····················2 大匙
└ 水···························⅔ 杯
沙拉油······················2 大匙

🗑 1 人份為 560kcal
🕐 調理時間為 35 分鐘

❶ 事前處理
將馬鈴薯切成約 3cm 的塊狀，泡水約 5 分鐘後瀝乾。洋蔥切成 6 等分的月牙形。荷蘭豆去絲後，縱向對切。將預先調味的材料依序放進牛肉中，充分拌勻。醬汁的材料也先混合好。

❷ 炒
平底鍋中放進沙拉油，以中火加熱，加入洋蔥快炒，再放進馬鈴薯續炒，待均勻裹上油之後，放進牛肉，邊上下翻炒邊輕輕混拌。待牛肉約有一半變色後，讓牛肉在鍋子裡攤平。

❸ 煮
倒進醬汁，煮沸後撈掉浮沫。蓋上打濕的廚房紙巾，再蓋上鍋蓋，以小火約煮 10 分鐘。

❹ 完成
放進荷蘭豆，再將廚房紙巾蓋回去，熄火，燜 10 分鐘。上下翻炒一下入味。

Ｑ 煮的時候湯汁會愈來愈少，該怎麼辦呢？

【燉芋頭】

芋頭帶點黏性的口感，搭配上溫和的甜鹹醬汁，
值得細細品嘗箇中美味。宴客時也很適合端出這道菜。

材料（2 人份）
芋頭························約 350g
鹽····························1 大匙
醬汁
┌ 砂糖····················2 大匙
│ 醬油··················2½ 大匙
└ 水·······················1½ 杯

🗑 1 人份為 150kcal
🕐 調理時間為 45 分鐘 *

* 不含瀝乾芋頭的時間。

❶ 事前處理

將芋頭洗淨瀝乾，切掉頭尾，縱向削皮。放進調理盆中，撒滿鹽，搓揉約 30 秒鐘。用水沖洗，再用廚房紙巾擦乾水分（參考 P.37）。

❷ 煮

將醬汁的材料放進稍小的平底鍋中，以中火加熱，煮沸後將芋頭排進去，再次煮沸後轉成小火，蓋上打濕的廚房紙巾，煮 15 ～ 18 分鐘。若用竹籤能一下刺穿，就拿離火源，將廚房紙巾蓋回，燜 10 分鐘入味。

【味噌鯖魚】

煮得鬆鬆軟軟的鯖魚，
再裹上濃郁的醬汁，
太好吃了！真是下飯的經典好滋味！

材料（2 人份）
鯖魚 ··········· 2 片（200g*）
薑·····································1 瓣
蔥·····································1 根
　　┌ 味噌····················2 大匙
　A │ 醬油····················2 大匙
　　│ 酒························2 大匙
　　└ 砂糖····················2 大匙

🗑 1 人份為 320kcal
🕐 調理時間為 20 分鐘

* 每一片為 ¼ 條魚，也就是將魚身縱向對切後，再次對切。

❶ 事前處理

鯖魚洗淨後用廚房紙巾擦乾水分，在皮面各劃上 2 道刀痕。蔥切成 5cm 長。生薑刮去皮後，切成薄片。

❷ 煮

將 A 放進稍小的平底鍋中混拌，然後一點一點放入 ½ 杯的水，讓味噌融化均勻。以中火加熱，煮沸後，將鯖魚的皮面朝上排進鍋中。再放進蔥和生薑，不時用湯匙舀醬汁淋上去，約煮 3 分鐘。蓋上打濕的廚房紙巾，再蓋上鍋蓋，以小火約煮 8 分鐘。拿開鍋蓋和廚房紙巾，以大火熬煮 2 ～ 3 分鐘。

Ⓐ 這時候就加水或湯汁，然後鍋蓋只蓋一半。如果將調味料一起放進去，味道就會變濃，須留意。

「炸」的基本技巧

這種烹調方法，對不擅用油的初學者而言，肯定不安。但是只要每個步驟都確實掌握到要點，不論是炸雞或炸豬排都會很成功，從此跟害怕油炸的心魔說掰掰！

預先調味 ………→ 裹上麵衣 ………→ 熱油 …………

預先調味

○ 用醬油或蛋等調味

不裹上麵衣而乾炸雞塊，可用手將醬油、砂糖、蛋等揉進肉裡。加了蛋會讓肉變得鮮嫩多汁且有濃郁感。

○ 撒上鹽和胡椒

炸豬排或其他裹麵衣的炸物，可先兩面撒上鹽和胡椒調味。從稍高一點的地方撒下去，較能撒得均勻。

乾燥麵包粉和新鮮麵包粉

乾燥麵包粉的顆粒非常細，完全乾燥而堅硬。新鮮麵包粉的顆粒大而柔軟，炸起來酥脆且有分量感。新鮮麵包粉是將麵包弄成碎末而成，也可以直接使用新鮮的麵包代替。

裹上麵衣

○ 混合麵粉

 →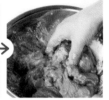

若要乾炸，可撒上麵粉（左圖），用手揉勻到沒有粉狀、表面有濃稠感即可（右圖）。

○ 依序沾上麵衣、麵包粉

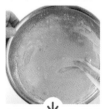

將麵粉放進打散的蛋汁或是混拌了牛奶的蛋液中，攪拌到沒有粉狀為止（麵衣）。

將食材放進裝了麵衣的調理盆中，整體裹上麵衣，這樣麵包粉較不易脫落。

將食材放在麵包粉上，再撒上大量的麵包粉，並輕輕按壓讓麵包粉確實沾上。然後再拍掉多餘的麵包粉。

熱油

○ 將油放進平底鍋中加熱，再用筷子確認溫度

平底鍋中倒進約 2cm 深的沙拉油，以稍強的中火加熱。用筷子確認油溫。將乾的筷子斜斜放進油中，尖端碰到鍋底，觀察冒出氣泡的方式。

油溫的標準

● **低溫（約 160℃）**
放進乾筷子時，慢慢冒出氣泡。

● **中溫（約 170℃）**
放進乾筷子時，一下冒出細氣泡。

● **高溫（約 180℃）**
放進乾筷子時，立即冒出大量細氣泡。

Q 有時候油會飛濺出來，該怎麼預防呢？

→ 放入食材 ………………→ 翻面 ………………→ 完成 ………………→

◉ 用手一塊一塊輕輕放

用手一塊一塊放進去（左圖）。如果用筷子挾的話，很容易滑掉而濺出油，因此請務必用手拿好，輕輕地放進去。如果是乾炸雞塊，由於油溫愈來愈高，慢慢放進去很容易燒焦，因此請一次全部放進去，再慢慢油炸（右圖）。

◉ 攤開來炸

炸豬排時，請用兩手把豬排攤開後，再輕輕放進去。

◉ 拿著尾端放進去

炸竹筴魚時，要拿好尾部，然後從頭部輕輕地滑下去。

◉ 使用筷子

乾炸雞塊的話，待雞塊外圍部分變硬後，就用筷子如打轉般地一塊一塊翻面。

◉ 使用木匙和筷子

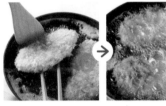

炸豬排的話，待底面變硬，就用木匙和筷子輕輕翻面（左圖），然後依照食譜的時間油炸（圖右）。不必勤於翻面。

◉ 取出

待整體呈金黃色且變得酥脆，就用筷子挾起來，輕輕甩掉油。

◉ 攤開去油

將雞塊排在已經鋪好廚房紙巾的平底方盤中去油。

◉ 立起去油

若是大塊炸豬排的話，就立在平底方盤的邊緣，這樣就能確實把油瀝掉。

【炸雞塊】

充分讓醬油入味的炸雞塊，是炸物的基本款。
適合配飯，也適合配啤酒。

材料（2～3 人份）

雞腿肉……………………… 2 片
　　　　　（400～450g）

預先調味

- 醬油………………………… 2 大匙
- 砂糖………………………… 1 小匙
- 胡椒………………………… 少許
- 蛋…………………………… 1 顆

麵粉………………………… ½ 杯
沙拉油……………………… 適量
檸檬………………………… 適量

🗑 1 人份為 430kcal
🕐 調理時間為 25 分鐘 *

* 不含雞肉預先調味的時間。

❶ 事前處理

去掉雞肉多餘的脂肪，將每一片切成 6 等分。

❷ 預先調味，裹上麵衣

將雞肉放進調理盆中，再放入預先調味的材料，用手揉勻，靜置約 10 分鐘入味。撒上麵粉，用手拌勻。

❸ 炸

平底鍋中倒進約 2cm 深的沙拉油，以稍強的中火加熱至高溫（約 180℃）。將雞肉一塊一塊用手放進油鍋中，全部放完後，油炸 3～4 分鐘。待表面變硬就上下翻面，再續炸約 4 分鐘。待整體呈金黃色且變得酥脆後，取出放在已經鋪好廚房紙巾的平底方盤中，將油瀝乾。

❹ 盛盤

盛盤，旁邊再點綴切成半圓形的檸檬。

Ⓠ 聽說油炸過的油可以再重複使用一次？

【炸豬排】

外表酥酥脆脆，內裡鮮嫩多汁。
用偏厚的里肌肉做成的炸豬排，真是人間美味。

材料（**2 人份**）
豬里肌肉⋯⋯⋯2 片（250g）
鹽⋯⋯⋯⋯⋯⋯⋯⋯⋯¼ 小匙
胡椒⋯⋯⋯⋯⋯⋯⋯⋯⋯少許
麵衣
┌ 蛋⋯⋯⋯⋯⋯⋯⋯⋯⋯ 1 顆
│ 牛奶⋯⋯⋯⋯⋯⋯⋯⋯ 1 大匙
└ 麵粉⋯⋯⋯⋯⋯⋯⋯⋯ 4 大匙
新鮮麵包粉⋯⋯⋯⋯⋯ 3 杯
沙拉油⋯⋯⋯⋯⋯⋯⋯⋯適量
中濃醬⋯⋯⋯⋯⋯⋯⋯⋯ 4 大匙
高麗菜（切絲）⋯⋯⋯ 2 片份

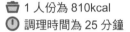 1 人份為 810kcal
調理時間為 25 分鐘

❶ 事前處理
用菜刀的刀背（刀刃的反方向）將豬肉兩面都敲打 20 ～ 30 下，然後整好形狀，兩面都撒上鹽和胡椒。

❷ 沾上麵衣
將蛋打進調理盆中，再加進牛奶攪拌。放進麵粉後再繼續混拌，放入豬肉裹上粉漿後，再沾上麵包粉。

❸ 炸
平底鍋中倒進約 2cm 深的沙拉油，以稍強的中火加熱至高溫（約 180℃）。將❷一片一片放進油鍋中，靜置油炸 3 ～ 4 分鐘，等底面變硬，再翻面續炸約 2 ～ 3 分鐘。待整體呈金黃色且變得酥脆後，取出放在已經鋪好廚房紙巾的平底方盤中，將油瀝乾。

❹ 盛盤
稍微放涼後，切成容易入口的大小，盛盤，旁邊點綴高麗菜絲，淋上中濃醬。

 可以。稍微放涼後，用廚房紙巾過濾，然後放進油壺，保存在陰涼的地方。

「蒸」的基本技巧

就算沒有電鍋、蒸籠，只要有一般的平底鍋或湯鍋，一樣可以做蒸煮料理。重點在於加少量的水，以及蓋上鍋蓋將蒸氣完全鎖在裡面。如此就可以做出很期待的茶碗蒸囉！

放進食材 ⋯⋯⋯⋯⋯→ 蓋上鍋蓋 ⋯⋯⋯⋯⋯→ 蒸 ⋯⋯⋯⋯⋯⋯⋯⋯

用平底鍋蒸

● 鋪上蔬菜，加水

將蔬菜鋪進平底鍋中，肉類和魚類放在上面。如果是燒賣，鋪上高麗菜後，就不會直接碰觸鍋底，能順利的膨脹起來。水約為 ½ 杯，請沿著鍋緣倒進去。

● 蓋上鍋蓋，以中火加熱

用平底鍋蒸的話，開火前要蓋上鍋蓋，將熱氣完全鎖在鍋裡。

● 煮沸後轉成小火

如果菜餚下面墊馬鈴薯、蘿蔔等不容易熟透的根莖類蔬菜，鍋中的水煮開後請轉成小火慢慢蒸。

用湯鍋蒸

● 先放水

如果要用湯鍋做茶碗蒸，先在鍋中倒進約 2cm 高的水（上圖），然後將蛋液放在耐熱器皿中，再置入鍋裡（下圖）。

● 用布巾包住鍋蓋

為防止蒸氣形成的水珠滴到菜餚上，請用稍大的布巾包住鍋蓋，再打個結，免得布巾垂下被燒到。
以中火加熱，待水煮沸後立即蓋上鍋蓋。

● 一開始用大火

製作茶碗蒸時，火要是開太大，蒸蛋表面上容易出現氣孔，顯得不平滑。但一開始用小火，就要蒸很久，所以剛開始 1～2 分鐘要用大火。

  Ｑ 想用湯鍋來蒸茶碗蒸，但茶碗蒸的碗會因為蒸氣而發出咔噠咔噠聲，有沒有辦法解決呢？

············→ 完成 ············→

◔ 保持中火

如果是容易煮透的食材，就用中火。當鍋中的水煮開後，就開始計算蒸的時間。

◔ 確認後再蒸

如果是不容易煮透的食材，可用竹籤刺看看，如果一下就刺穿（左圖），請立即熄火；如果還很硬，再繼續蒸 1～2 分鐘。然後不掀鍋蓋（右圖）燜一下。食材就可以吸收蒸氣而均勻地熟透。

◔ 凝固後轉成小火

製作茶碗蒸時，當蛋液凝固後就轉成小火。再蓋上鍋蓋，約蒸 5 分鐘。如果還沒凝固，就以大火再蒸 1 分鐘，然後再檢查確認。

◔ 確認後取出

如果是茶碗蒸，請隔著布巾輕輕搖晃一下，如果蒸蛋凝固且有彈性地晃動，就表示蒸好了（左圖）。如果蒸蛋沒有凝固，還水水的，就再繼續蒸 1～2 分鐘。熄火，等蒸氣散掉後，再隔著布巾小心地把整碗蒸蛋拿出來（右圖）。

用有鍋蓋的平底鍋或湯鍋來蒸

平底鍋

湯鍋

請準備直徑 24～26cm 的大平底鍋，和尺寸相符的鍋蓋。如果鍋蓋尺寸不合而蓋不緊，水蒸氣會跑掉，容易燒焦。耐熱玻璃材質的鍋蓋能看到水已經煮沸，十分方便。湯鍋也是大的比較好，如果要做 2 人份的茶碗蒸，請準備直徑約 24cm 的湯鍋。和平底鍋一樣，鍋蓋大小也要相符。

 只要在湯鍋裡鋪上廚房紙巾或布，就不會發出聲音了。

【豬肉燒賣】

切成粗末狀的洋蔥，清脆口感是燒賣的亮點。
一起蒸煮的高麗菜也很美味！

材料（2～3 人份）

豬絞肉	250g	燒賣皮	16 張
洋蔥	½ 個（80g）	高麗菜	4～5 片（200g）
鹽	½ 小匙	芥末醬	適量
太白粉	2 小匙	醬油	適量
A { 醬油	2 小匙		
砂糖	2 小匙		
芝麻油	1 小匙		

🗑 1 人份為 290kcal

🕐 調理時間為 30 分鐘 *

* 不含洋蔥塗滿鹽的時間。

❶ 事前處理

洋蔥切成粗末，放進調理盆中，再放進鹽充分攪拌，靜置約 10 分鐘。擠乾水分，撒滿太白粉。高麗菜撕成約 5cm 的正方形。

❷ 包燒賣

將絞肉、❶ 的洋蔥、A 放進調理盆中，混拌到出現黏性為止。分成 16 等分，揉成圓餡。將一個圓餡放在一張燒賣皮中央，似要將對角貼合般，將側面貼起來（上圖）。一邊輕輕按壓上下，一邊握住側面整理成圓筒狀（下圖）。上面有點肉溢出來也沒關係。以同樣方式把燒賣包完。

❸ 蒸

將高麗葉平鋪在平底鍋中，將燒賣放上去，再以畫圓的方式倒進 ½ 杯的水。蓋上鍋蓋，以中火加熱，水煮沸後，約蒸 6～7 分鐘。

❹ 盛盤

將高麗菜鋪在盤中，放上燒賣。旁邊放芥末醬和醬油。

Ⓠ 如果買市售的燒賣，也是以同樣的方法加熱嗎？

【蒸雞肉佐馬鈴薯】

鮮嫩多汁的雞肉和細軟綿密的馬鈴薯十分合拍。
將主菜做成沙拉的感覺，非常充實有料。

材料（2人份）

雞腿肉⋯⋯⋯⋯ 1片（250g）
鹽 ⋯⋯⋯⋯⋯⋯⋯⋯⋯⋯ ½ 小匙
胡椒⋯⋯⋯⋯⋯⋯⋯⋯⋯⋯ 少許
馬鈴薯⋯⋯⋯⋯ 2個（300g）
明太子美乃滋醬
┌ 明太子 ⋯⋯⋯⋯⋯⋯⋯ 50g
│ 美乃滋⋯⋯⋯⋯⋯⋯⋯ 3 大匙
│ 醬油⋯⋯⋯⋯⋯ 1～2 小匙
└ 胡椒⋯⋯⋯⋯⋯⋯⋯⋯⋯ 少許

🗑 1 人份為 520kcal
🕐 調理時間為 30 分鐘

❶ 事前處理

將雞肉多餘的脂肪去掉，對半切開，兩面撒上鹽和胡椒。馬鈴薯洗淨，帶皮切成4 等分。

❷ 蒸

將馬鈴薯排進平底鍋中，雞肉則皮面朝下放上去，再以畫圓方式倒進 ½ 杯的水。蓋上鍋蓋，以中火加熱，煮沸後轉成小火，約蒸煮 10 分鐘。用竹籤刺馬鈴薯，一下就刺穿的話，立即熄火；如果還很硬就再續蒸 1～2 分鐘。再次蓋上鍋蓋，燜 5 分鐘。

❸ 完成

用湯匙將明太子挖出來，去掉薄皮，再放進剩下的材料，拌勻（明太子美乃滋）。取出雞肉，切成容易入口的大小。將雞肉和馬鈴薯盛盤，再淋上明太子美乃滋。

材料（2人份）

蛋 ⋯⋯⋯⋯⋯⋯⋯⋯⋯⋯⋯⋯ 2 顆
┌ 高湯⋯⋯ ½ 杯（30ml）
│ （參考 P.98）*
A │ 鹽⋯⋯⋯⋯⋯⋯⋯⋯ ⅓ 小匙
│ 味醂 ⋯⋯⋯⋯⋯⋯⋯ 1 小匙
└ 醬油⋯⋯⋯⋯⋯⋯⋯⋯ 少許
雞柳⋯⋯⋯⋯⋯ 1 條（50g）
鹽⋯⋯⋯⋯⋯⋯⋯⋯⋯⋯⋯⋯ 少許
魚板⋯⋯⋯⋯2cm（約 20g）
新鮮香菇⋯⋯⋯⋯⋯（大）1 朵
鴨兒芹⋯⋯⋯⋯⋯⋯⋯⋯⋯⋯ 4 根

🗑 1 人份為 120kcal
🕐 調理時間為 25 分鐘

* 請先放涼。

❶ 事前處理

魚板切成 5mm 寬，香菇去掉蒂頭，切成薄片。鴨兒芹去掉根部，每一根都打一個結。雞柳切成 7～8mm 寬的薄片，撒上鹽。

❷ 調配蛋液盛進容器

將 A 混拌好。調理盆中放進充分打散的蛋（打 40～50 次／參考 P.62），然後將 A 一點一點放進去混拌，再用濾網過濾（蛋液）。將鴨兒芹以外的❶食材平均地放進耐熱容器裡，再倒進蛋液。

❸ 蒸

稍大的湯鍋中倒進 2cm 深的水量，再放進❷，以中火加熱。煮沸後，蓋上包了布巾的鍋蓋，以大火蒸 1～2 分鐘。待蛋液凝固後轉成小火，將鍋蓋稍微錯開不要蓋緊，蒸 5～7 分鐘凝固。取出後放上鴨兒芹即可。

【茶碗蒸】

配料是雞肉、魚板、香菇，
這些配料和蛋、高湯很搭，顏色也配得相當漂亮。

Ⓐ 熱的燒賣再重新加熱時，只要水開後蒸 4～5 分鐘即可。冷凍燒賣的話，就依照包裝指示加熱。

「汆燙／水煮」的基本技巧

放進冷水中加熱⋯⋯放進熱水中汆燙 ⋯⋯⋯⋯⋯

◯ 根莖類蔬菜要細火慢煮

若是薯類或根莖類蔬菜，放進鍋中再倒進剛好淹沒食材的水量，以中火加熱（左圖）。煮沸後轉成小火，蓋上鍋蓋水煮（右圖）。從冷水開始慢慢加熱，薯類會更鬆軟，根莖類也會變軟。

◯ 慢慢把肉燙熟

若是一整塊肉，放進鍋中再倒進剛好把肉淹沒的水量，以中火加熱。再放進酒和生薑，就能去掉肉的腥味了。

◯ 用蒸燙的方式調理豆芽菜

豆芽菜放進鍋中再倒進剛好淹沒的水量，蓋上鍋蓋以大火加熱。煮沸後立即熄火。只要蒸燙一下，豆芽菜的口感就會很好。

◯ 先放青菜的根部

燙青菜時，煮沸一大鍋的水，先將根莖部分放進去，約 10 秒鐘後再用筷子將其他的菜葉部分一起壓進水裡。比較不易煮熟的根莖部分先放進去，可以避免菜葉煮得太爛。有澀味的蔬菜之後還會再泡水，所以不必加鹽。

◯ 將蔬菜燙得脆脆的

牛蒡或胡蘿蔔等切絲後的蔬菜或生菜，由於很容易煮熟，只要放進熱水中汆燙一下，口感就很棒了。

◯ 放鹽

蘆筍、綠花椰菜、荷蘭豆等沒有澀味的蔬菜，可先在熱水中放鹽（左圖）再放入汆燙（右圖）。鹽與水的比例為 1 公升水：1～2 小匙鹽。蘆筍這類細長食材，用平底鍋來汆燙比較方便。加鹽也等於是稍微預先調味。

◯ 撒滿鹽後直接汆燙

四季豆或是秋葵、毛豆等，就撒滿鹽後再直接放進熱水中汆燙。這樣蔬菜表面就會有鹹味。

Q 燙青菜時，為什麼要煮一大鍋水呢？

根據食材和切法的不同，有些會直接放進冷水裡加熱，有些會等水煮沸後才放進去，而汆燙或水煮完之後，有些要泡冷水，有些要用濾網撈起。了解各種汆燙和水煮的方法是烹飪的基本功。

‥降溫後汆燙 ‥‥‥‥→ 取出，去掉水分 ‥‥‥‥‥‥‥‥‥‥‥‥‥→

○ 讓薄切的肉片更柔嫩

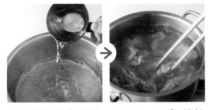

汆燙薄切的肉片時，以 80～85℃的熱水汆燙，肉質才會柔嫩。冷熱水的比例為 5 杯熱水：1 杯冷水（左圖）。將肉放進去後就熄火，慢慢將肉攤開，用餘溫燙熟（右圖）。

○ 用小火慢慢汆燙肉塊

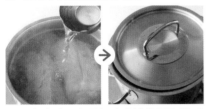

汆燙肉塊時，也是把水煮沸後再加進冷水（左圖），然後轉小火，稍微錯開鍋蓋讓熱氣跑掉，慢慢汆燙（右圖）。

○ 讓海鮮更鮮嫩

將烏賊或蝦子放進充足的熱水中，立即熄火。邊攪拌邊以餘溫燙熟，這樣肉質才會鮮嫩。

○ 檢查

薯類或根莖類請用竹籤刺刺看，如果一下就刺穿，表示煮透了；如果還很硬，就再續煮 2～3 分鐘。

○ 沒有澀味的蔬菜就用濾網撈起來

蘆筍、綠花椰菜、荷蘭豆等不太有澀味的蔬菜，煮熟後就馬上用濾網撈起來，攤開放涼。

○ 用濾網撈起肉片

若要做成冷盤，就用濾網撈起汆燙的肉片放涼。泡在冷水中脂肪會凝固而口感不佳，肉質也會緊縮變硬。

○ 泡在冷水中

有澀味的青菜，汆燙後最好立刻放在冷水中冰鎮。急速冷卻能讓顏色保持鮮豔，也能去掉澀味。

○ 擠乾水分

將泡水的青菜根部對齊，縱向倒拿，從根部往下輕輕擠乾水分。太用力會將美味擠掉，要特別留意。

水量夠多的話，食材放進去就不會讓水溫下降。青菜和麵類，利用高溫快速汆燙會比較美味。

「汆燙／水煮」的基本技巧

水煮蛋的方法

○ 水煮蛋（3～4 顆蛋時）

① 將蛋恢復常溫。鍋中放進 4 杯水，煮沸後轉成中火，放進 ½ 小匙的鹽和 1 小匙的醋，攪拌。鹽能讓蛋殼不易煮破，就算煮破了，醋也能讓蛋白不易流出來。

② 將蛋一顆一顆用湯杓輕輕送進鍋中。

③ 蛋全部放進去後，請依個人喜好的熟度，設定計時器。

④ 時間到了就取出放進冷水中。急速冷卻，蛋殼比較容易剝開。

⑤ 待水煮蛋完全冷卻後，放入鍋中，再倒進 ½～1 杯水，蓋上鍋蓋，搖晃鍋子 3～4 次使蛋殼裂開。

⑥ 從蛋殼的裂縫處剝開。蛋殼與蛋白之間進水，就能輕易剝開了。

汆燙時間

6 分鐘

蛋黃是生的，呈濃稠狀態。

8 分鐘

蛋黃呈黏糊狀，也就是半熟狀態。

10 分鐘

蛋黃凝固，但呈柔軟狀態。

12 分鐘

蛋黃完全凝固，也就是完全煮熟狀態。

○ 溫泉蛋（4～6 顆蛋時）

① 將蛋恢復常溫。鍋中放進 5 杯水煮沸後熄火，再放進 1 杯冷水。

② 將蛋一顆一顆用湯杓輕輕送進鍋中，蓋上鍋蓋靜置 30～35 分鐘後拿出來，不必泡冷水，直接放涼。可在冰箱冷藏保存 3～4 天。

淋上高湯醬油的溫泉蛋

完成了！

剝開蛋殼，將溫泉蛋放進碗裡，淋上高湯醬油，高湯（參考 P.98）和醬油的比例是 3:1。

Q 水煮蛋為什麼要水沸騰了才放蛋？不能直接放進水中煮嗎？

麵類的煮法和冷卻法

◯ 義大利麵（麵條）

1 在稍大的湯鍋中放入充足的水量（2人份為 1.5 到 2 公升）煮沸，然後轉成中火，加入鹽。鹽的用量為水量的 1%（2 公升 的 水 就 放 1 大匙不刮平的鹽）。

2 將義大利麵條呈放射狀散開放進熱水中，用夾子壓進熱水裡。

3 將計時器設定在標示時間的前 2 分鐘。由於餘溫會讓麵條變軟，所以煮的時候可以保留一點硬度。

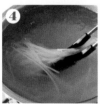
4 當義大利麵變軟後就大大攪拌，麵條才不容易黏在一起。再次煮沸後，將火轉小到水不會溢出來。

◯ 蕎麥麵（乾麵）

1 在稍大的湯鍋中放入充足的水量（約為麵量的 10 倍）煮沸，將麵條攤開地放進去，用長筷子攪拌。

2 再次煮沸後轉成稍強的中火，約煮 6 分鐘或依照包裝指示的時間。如果水溢出來就再倒進 ½ 杯的水。

3 用濾網撈出瀝乾，再立刻連同濾網過一次冷水後，倒掉調理盆中的水。

4 澆上冷水讓麵條冷卻。澆冷水的時候，一邊把麵條上的黏液洗掉。然後用濾網上下甩乾水分。

◯ 烏龍麵（冷凍烏龍麵）

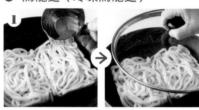
1 將冷凍烏龍麵直接放進平底鍋中，倒進可以浸泡一半烏龍麵的水量（左圖），蓋上鍋蓋，以大火加熱（右圖）。

2 當鍋蓋上附著了大量蒸氣，水也煮沸後，掀開鍋蓋，用長筷子將麵條鬆開，然後以濾網瀝乾水分。

3 和前述乾麵一樣，用冷水和流水冷卻，同時充分搓洗掉麵條上的黏液後瀝乾。

◯ 麵線

和前述乾麵一樣，放進熱水中攪拌，煮 1～2 分鐘（或依照包裝指示的時間）。瀝掉水分，用冷水和流水冷卻，搓洗掉麵條上的黏液後瀝乾。

Ⓐ 也可直接放進水中煮。但水溫會隨著季節改變，而煮沸的水一定是 100℃，因此放進沸水中煮比較不容易失敗。

【水煮蘆筍佐溫泉蛋】

用鹽水煮蘆筍，可以品嘗到它的鮮綠、口感與香氣。這道菜是用溫泉蛋代替醬汁，非常推薦當早餐享用。

材料（2 人份）
綠蘆筍‥‥‥‥‥‥‥‥4 ～ 6 根
溫泉蛋‥‥‥‥‥‥‥‥‥2 顆
（參考 P.86／或是市售品）
鹽‥‥‥‥‥‥‥‥‥‥‥適量
起司粉‥‥‥‥‥‥‥‥‥適量
黑胡椒（粗粒）‥‥‥‥少許
橄欖油‥‥‥‥‥‥‥‥‥適量

🗑 1 人份為 100kcal
🕐 調理時間為 10 分鐘 *

* 不含將水煮沸、蘆筍放涼的時間。

❶ 事先處理
將蘆筍的根部稍微切掉一些，用削皮器將下半部分的皮大致削掉。

❷ 汆燙
平底鍋中放 5 杯水煮沸，再加入 2 小匙鹽。放進蘆筍，約煮 2 分鐘，用濾網撈起來放涼。

❸ 盛盤
將蘆筍的長度對切後盛盤。將溫泉蛋剝好放上，撒上少許鹽、起司粉、黑胡椒，再淋上橄欖油。

【奶油豆芽拌甜玉米】

豆芽菜稍微蒸煮一下就能顯出甘美，口感也青脆。
再加上玉米的清甜和奶油的濃郁，美味倍增！

材料（2 人份）
豆芽菜‥‥‥‥‥‥‥‥‥200g
甜玉米‥‥‥約 3 大匙（50g）
　　　　　（罐頭／玉米粒）
奶油‥‥‥‥‥‥‥‥‥‥10g
醬油‥‥‥‥‥‥‥‥‥2 小匙
黑胡椒（粗粒）‥‥‥‥少許

🗑 1 人份為 80kcal
🕐 調理時間為 10 分鐘

❶ 事前處理
將豆芽菜泡進充足的水量中 4 ～ 5 分鐘，用濾網撈起瀝乾。玉米罐頭的水也要瀝乾。

❷ 汆燙
將豆芽菜放入鍋中，倒進剛好可以淹沒豆芽菜的水量（約 2½ 杯），蓋上鍋蓋，用大火煮沸後立即熄火，再用濾網撈起瀝乾。

❸ 拌
放入調理盆中，趁熱加進甜玉米、奶油、醬油、黑胡椒，充分拌勻。

Q 汆燙過的蘆筍，為了保溫，可以一直放在鍋裡，直到盛盤再拿出來嗎？

【水煮魷魚拌細蔥】

剛汆燙好的魷魚趁熱拌上細蔥，細蔥變軟後散發出溫和的香氣，再搭上芝麻油的風味，餘味無窮。

材料（2 人份）
魷魚*⋯⋯ 1 隻（約 300g）
細蔥⋯⋯⋯⋯⋯⋯⋯⋯50g
A ⎡ 芝麻油⋯⋯⋯⋯⋯2 大匙
　 醋⋯⋯⋯⋯⋯⋯⋯1 大匙
　 鹽⋯⋯⋯⋯⋯⋯⋯1 小匙
　⎣ 砂糖⋯⋯⋯⋯⋯⋯1 小匙

🗑 1 人份為 220kcal
🕐 調理時間為 15 分鐘 **

* 生食用。
** 不含將水煮沸的時間。

❶ 事前處理
拔出魷魚的腳和內臟，腳切成兩隻一組，身體切成 1.5cm 寬的圓圈狀（參考 P.54）。

❷ 預先調味細蔥
將細蔥切成蔥花後放入調理盆中，再放進 A 混拌。

❸ 汆燙後再混拌
鍋中放 2 公升的水煮沸，放入魷魚後立即熄火。一邊攪拌一邊用餘溫約煮 2 分鐘。用濾網撈起瀝乾，再放進❷ 的調理盆中混拌。

材料（2 人份）
豬肩里肌肉（火鍋肉片）
⋯⋯⋯⋯⋯⋯⋯⋯⋯⋯200g
麵粉⋯⋯⋯⋯⋯⋯⋯2 大匙
生菜⋯⋯⋯⋯⋯⋯⋯⋯ 4 片
豆芽菜⋯⋯⋯⋯⋯⋯⋯100g
蔥醬
⎡ 蔥⋯⋯⋯⋯⋯⋯⋯⋯⅓ 根
　 醬油⋯⋯⋯⋯⋯⋯⋯3 大匙
　 醋⋯⋯⋯⋯⋯ 2 ～ 3 大匙
　 芝麻油⋯⋯⋯⋯⋯⋯1 大匙
　 砂糖⋯⋯⋯⋯⋯⋯⋯2 小匙
⎣ 豆瓣醬⋯⋯⋯⋯⋯⋯1 小匙

🗑 1 人份為 400kcal
🕐 調理時間為 10 分鐘 *

* 不含將水煮沸、放涼的時間。

❶ 事前處理
生菜撕成一口大小，豆芽菜泡水 4 ～ 5 分鐘後瀝乾。將豬肉放入調理盆中，大略地撒上麵粉。

❷ 汆燙
鍋中放 5 杯水煮沸後，放進生菜、豆芽菜，約汆燙 20 秒鐘後熄火，挾到濾網上瀝乾。再次用大火煮沸鍋中的水後，加進 1 杯水。放進豬肉後熄火，用長筷子邊攪開邊以餘溫燙熟，約燙 2 ～ 3 分鐘。用濾網撈起放涼。

❸ 盛盤
將蔥切成蔥花，放進調理盆中，再放進蔥醬的其他材料加以混拌。然後將青菜和豬肉盛盤，淋上蔥醬。

【青菜肉片淋蔥醬】

燙完青菜接著燙肉片。青菜用沸水燙得鮮脆，肉片用溫度稍低的熱水燙得柔嫩！

A 放在汆燙好的熱水中，熱水的餘溫會減損蘆筍的口感和色澤，所以燙好後最好立刻撈出來。

「拌」的基本技巧

拌菜不需要困難的技巧,但在調理過程相當重要,是決定最後滋味的關鍵。拌的時機、順序等細膩的過程,潛藏著提升美味的祕訣。

預先調味

◎ 青菜淋上醬油

用芥末拌青菜(小松菜、菠菜等),要在燙好青菜後將水擠乾,然後整體淋上醬油。

◎ 裹上醬油後再擠乾

用手一邊鬆開青菜一邊裹上醬油(左圖)。如果切好才裹醬油,醬油會滲進切面而太鹹。將根部和葉端交錯地束成一把,縱向拿著輕輕擠乾(右圖)。交錯束成一把,味道才會均勻。

◎ 裹上混合醋

調理醋漬料理時,可將小黃瓜先用少量的混合醋醃漬一下,不但比較入味,也比較柔嫩。

◎ 裹上油

在拌入調味料之前,先讓食材表面裹上一層油,就不容易出水,可保持食材鮮嫩。適用於涼拌沙拉。

◎ 趁熱裹上沙拉醬

調理馬鈴薯沙拉時,將水煮後瀝乾的馬鈴薯趁熱均勻地裹上少量的沙拉醬,放涼。

◎ 趁熱調味

不易入味的牛蒡,要在燙熟瀝乾後,趁熱裹上預先調好的調味料。

將牛蒡撥到調理盆側面,放涼。之後就會慢慢入味了。

Q 要預先調味,好麻煩。難道不能最後才將調味料混合好一起放進去嗎?

Hi

→ 製作拌菜的醬料 ⋯→ 混拌 ⋯⋯⋯⋯⋯⋯⋯⋯⋯⋯⋯⋯→

● 豆腐沙拉的醬料

豆腐放進有柄的濾網中，用橡皮刮刀擠壓篩出，篩出來的豆腐口感會較滑順。

用橡皮刮刀攪拌芝麻醬，讓芝麻的香味也散發出來。

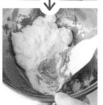

在芝麻醬裡加進調味料攪拌，再放進搗碎的豆腐充分混合。

● 炒芝麻

用芝麻粉拌菜時，請將芝麻粉放進平底鍋中，以中火不斷翻炒。待顏色變深、香氣四溢時熄火，才不會燒焦，然後立即盛入平底方盤中放涼。

● 利用長筷子

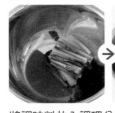

將調味料放入調理盆中混合，再放入汆燙好的青菜等（左圖），用長筷子攪開、拌勻（右圖）。

● 利用橡皮刮刀

像豆腐沙拉這類糊狀的醬料，最好使用橡皮刮刀，邊將食材刮到調理盆的側面邊混拌。

● 邊搓揉邊拌

纖維粗韌、不易入味的蔬菜，就用手一邊搓揉一邊拌勻。這樣比較容易入味，食材也會變軟而容易入口。

● 分兩次攪拌

冬粉沙拉：先將冬粉泡軟後瀝乾，再將 ½ 量的沙拉醬淋在冬粉上，用手揉勻。

待冬粉吸收醬料入味後，放進蔬菜等，再放進剩下的沙拉醬拌勻。

● 最後加進芝麻

炒過的芝麻粉容易吸進調味料，更容易讓蔬菜入味，因此要最後才放，這樣芝麻的香氣才會更明顯。

A 花點工夫預先調味，比較容易入味且更可口。不妨比較看看！

「拌」的教學食譜

【小松菜拌芥末】

醬油的鹹味和風味都能入味。
芥末的嗆辣與香氣慢慢在口中擴散，滋味高雅。

材料（2 人份）
小松菜·························200g
醬油···························1 大匙
A ［ 芥末醬··············½ 小匙
　 醬油·····················1 小匙

🗑 1 人份為 20kcal
🕐 調理時間為 10 分鐘 *

* 不含將水煮沸、小松菜泡冷水、
　放涼的時間。

❶ 事前處理
在小松菜的根部劃上切痕，
泡冷水約 15 分鐘變脆。

❷ 汆燙
鍋中放 7～8 杯水煮沸，將
小松菜的莖部放進去，約 10
秒鐘後再整株浸下去。再次
煮沸後，約汆燙 20 秒鐘，
取出泡冷水。

❸ 預先調味
輕輕擠乾水分後放入平底方
盤，淋上醬油拌勻。再分成
兩半，輕輕擠掉水分，切成
5～6cm 長。

❹ 涼拌
將 A 放進調理盆中，充分混
合後，再放進❸拌勻。

材料（2 人份）
絹豆腐························150g
綠花椰菜······½ 顆（150g）
鹽·····························2 小匙
A ［ 花生醬（顆粒）··3 大匙
　 砂糖·····················1 大匙
　 醬油·····················1 小匙
　 芥末醬··················1 小匙

🗑 1 人份為 260kcal
🕐 調理時間為 10 分鐘 *

* 不含將水煮沸、放涼的時間。

❶ 水煮
綠花椰菜切成小朵。鍋中放
5 杯水煮沸，然後加鹽，再
放進綠花椰菜約煮 2 分鐘，
用濾網撈起放涼。

❷ 製作醬料
豆腐撕成約 4 等分，放進
有柄的濾網裡，用橡皮刮刀
壓，篩進調理盆中。再將花
生醬放進另一個調理盆中，
用橡皮刮刀攪拌，再將 A 剩
下的食材放入拌勻，最後放
進豆腐，再次充分攪拌。

❸ 涼拌
將❶的綠花椰菜放進❷中，
拌勻。

【豆腐拌花椰菜沙拉】

這款涼拌菜用了絹豆腐與花生醬，
因此風味濃郁。
蔬菜用四季豆、胡蘿蔔或青菜都 OK。

Q 芥末拌菜和芝麻拌菜都是家庭常備菜，能不能一次多做一些放著呢？

【涼拌四季豆】

使用市售的芝麻粉，芝麻拌菜就能輕鬆搞定。
藉由芝麻粉的芳香，饒富風味的一盤小菜就完成了！

材料（**2** 人份）

四季豆	····················	150g
鹽	····················	1 大匙
芝麻粉（白）	············	3 大匙
A 砂糖	····················	2 小匙
味噌	····················	1 小匙
醬油	····················	1 小匙

🍚 1 人份為 170kcal

🕐 調理時間為 10 分鐘 *

* 不含將水煮沸、四季豆和芝麻粉放涼的時間。

❶ 事前處理

四季豆全部撒上鹽後，約搓揉 1 分鐘。鍋中放 3 杯水煮沸，將四季豆連同鹽一起放入，以中火煮 2～3 分鐘。用濾網撈起，放涼。

❷ 炒芝麻粉

將芝麻粉放進平底鍋，以中火加熱，再用木匙不斷翻炒。待散發香氣且顏色變深就熄火，然後攤在平底方盤中放涼。

❸ 涼拌

四季豆去蒂，將長度切成 3 等分。將 A 放進調理盆中攪拌，再放進四季豆拌勻。最後加入❷的芝麻粉，整體攪拌均勻。

材料（**2** 人份）

水煮章魚腳	··················	100g
小黃瓜	····················	2 條
鹽	····················	2 小匙
薑	····················	½ 瓣

混合醋

醋	····················	3 大匙
砂糖	····················	1 大匙
鹽	····················	½ 小匙

🍚 1 人份為 80kcal

🕐 調理時間為 10 分鐘 *

* 不含用混合醋醃漬小黃瓜的時間。

❶ 事前處理

小黃瓜搓鹽（參考 P.28）之後，用水沖掉、瀝乾，切成 2mm 寬的小圓片，放進調理盆中。將混合醋的材料放進另一個調理盆中，充分攪拌。將約 ½ 大匙的混合醋灑在小黃瓜上，拌勻後靜置約 10 分鐘。章魚以菜刀斜切成 7～8mm 寬。生薑刮掉皮後切絲。

❷ 混拌

輕輕擠掉小黃瓜的汁液，放入另一個調理盆中，再放進章魚和生薑。將剩下的混合醋以畫圓的方式倒入，整體拌勻。

【醋漬章魚佐小黃瓜】

一點點鹹味的混合醋搭上清爽的生薑風味，真的太爽口了！

Ⓐ 葉菜類的拌菜會出水，基本上都是食用前才混拌。如果是馬鈴薯沙拉等以美乃滋為基底的沙拉就 OK ！

「炊飯」的基本技巧

如何炊出香噴噴的米飯呢？今日碾米技術進步，已經不需要使勁地淘米，
重點在於快速瀝掉淘米水，不讓米沾染雜味，而且要溫柔地淘洗，不要把米洗破了。

洗米的方法

1 快速清洗表面

在稍大的調理盆中倒入充足的水量，將
米放在濾網中，放進水裡（左圖）。稍
微攪拌清洗，立刻把水倒掉（右圖）。
如果一直泡在水裡，米糠的味道會滲進
米裡，所以要趕快把水倒掉。

2 搓洗

將放了米的濾網放進調理盆中，倒進約
可浸泡米的水量。雙手捧起米輕輕搓
洗，待水變濁後倒掉，再次倒進乾淨的
水清洗。如此重複 3～4 次。

3 沖洗

用流水沖洗。搖晃
濾網，讓流水將米
全部沖洗一遍。

4 去掉水分、讓米吸水

大力搖動濾網，甩
掉水分，然後靜置
約 30 分鐘，讓米
粒充分吸收周圍的
水分。將濾網放
斜，多餘的水分會
更容易瀝出。

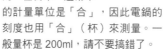

要用量米杯
來量米

量米杯
180ml

電鍋附贈的量米杯
容量為 180ml。這是
以日本從前的單位
「合」為基準而來
的。在日本，通常米
的計量單位是「合」，因此電鍋的
刻度也用「合」（杯）來測量。一
般量杯是 200ml，請不要搞錯了。

水量增減

◯ 米和水等量

 +

米 180ml（1 合）　　水 180ml

炊煮一般的白飯，米和水等量的話，口
感程度剛剛好。

◯ 水量偏少

 +

米 180ml（1 合）　　水 150ml

加調味料進去炊飯時，水量要少一點，
讓飯粒硬一點。

◯ 水量偏多

 +

米 90ml（½ 合）　　水 900ml

煮粥就是靠水量多寡來決定柔軟度。通
常水量為米量的 10 倍，煮出來的粥叫
「五分粥」。完成時，分量會變成原來
的 8～9 倍；當水量為米量的 5 倍時，
煮出來的粥叫「全粥」；當水量為米量
的 7 倍則叫「七分粥」，而水量為米
量的 20 倍時叫「三分粥」。

 Q 怎樣盛飯，看起來才會好吃？

炊飯的各種方法

○ 用電鍋炊出一般的飯

電鍋的內鍋放進米和水,按下開關就可以炊飯了。請依照電鍋的使用說明書指示使用。

○ 放沙拉油

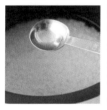

想做成壽司飯時,在電鍋的內鍋放進米和水,再放進少量的沙拉油混合後再炊,飯會比較容易粒粒分明。

○ 放鹽

想做成飯糰時,就再放進少量的鹽混合後再炊,飯會有鹹味,做成飯糰時就省去手沾鹽的工夫了。

○ 放食材

想將食材和米一起炊時,就在加進米裡的水中先混合好調味料,味道會較容易均勻。

將食材放在米上,表面須弄平,不然食材和米混合後無法均勻傳熱,飯會容易偏硬。

○ 用湯鍋煮粥

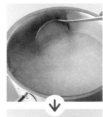

粥很容易煮開後溢出來,因此要將米和水放進稍大的鍋子裡,煮沸後再大幅攪拌,防止鍋底燒焦。

稍微錯開鍋蓋,讓蒸氣散出來,以小火慢慢炊出黏稠狀的粥。

壽司飯的做法

1

將砂糖、鹽等壽司醋的材料先混合好,才能立即滲進飯裡,味道才會均勻。

2

炊好的飯移到稍大的調理盆中,趁熱以畫圓的方式倒進壽司醋。如果等飯涼了才倒會不容易入味。

 →

3

用飯匙以縱切的方式攪拌(左圖),並且不時從鍋底上下翻鬆(右圖)。重複這個動作4～5次,讓壽司醋均勻地滲進飯裡。

4

將飯整個攤開到調理盆的側面,用打濕的廚房紙巾蓋住,再用保鮮膜鬆鬆地封住。當溫度放涼到和人的體溫差不多時,此時味道最好又不會太硬,便於製作壽司。

 將飯匙用水打濕才不會沾黏飯粒,然後分 2 ～ 3 次盛飯。不要按壓,讓中央隆起呈蓬鬆狀。

【三角飯糰】

捏三角形的飯糰時，只要將手的形狀做好就很簡單了。
由於是使用加了鹽的炊飯，形狀捏出來後，就能完成鹹度剛剛好的飯糰。

材料（7～8 個份）
飯
- 米…………360ml（2 合）
- 水…………2 杯（400ml）
- 鹽…………………½ 小匙
梅乾……………………7～8 個
烤海苔（整片）………約 1 片

🗑 1 個份為 140kcal
🕐 調理時間為 20 分鐘 *

* 不含用濾網將米瀝乾、炊飯的
　時間。

❶ 事前處理

在炊飯 30 分鐘前洗米，用濾網撈起來瀝乾。將米和材料中的水量、鹽放進電鍋的內鍋中混合，依一般方式炊飯。梅乾去籽。用廚房剪刀將海苔橫向剪成 4 等分，再將長度對半剪開。

❷ 放進飯碗裡

飯碗裡鋪上保鮮膜， 放 進 80 ～ 100g 的飯，中央放進一顆梅乾，輕壓一下，然後再將少量的飯蓋在梅乾上。

❸ 捏飯糰

用保鮮膜包住飯，收緊，輕輕捏。如果飯很燙，就用布巾包著捏。下面的手輕輕捏，上面的手彎起來大致捏成三角形。其他的飯也以同樣方式捏起來。

❹ 整理形狀，捲海苔

待飯放涼到可以用手直接觸摸就拿掉保鮮膜。將手打濕，用下面的手固定好寬度，上面的手則彎曲成「く」字形，捏出漂亮的頂角來。用手掌輕輕按壓，把飯糰整理成三角形。最後於底部捲上一小片海苔。

Q 飯糰的餡料不是梅乾就是柴魚片，總覺得好老套。沒有別的選擇了嗎？

【海鮮散壽司】

完成可口的壽司飯後，何不再放個生魚片上去呢？
這是一種完全不需要技術的華麗壽司，只要放上喜歡吃
的生魚片就 OK 了！

材料（2～3 人份）
飯
「米············360ml（2 合）
├水·········1½ 杯（300ml）
└沙拉油·················½ 小匙
壽司醋
「醋············3 大匙
├砂糖···········1 大匙
└鹽···········1 小匙
綜合生魚片 *···250～300g
烤海苔（整片）········ 2 片
青紫蘇·················適量
山葵·················適量

🗑 1 人份為 500kcal
🕐 調理時間為 15 分鐘 **

* 鮪魚、鯛魚、章魚等。
** 不含用濾網將米瀝乾、炊飯、
壽司飯放涼的時間。

❶ 炊飯
在炊飯 30 分鐘前洗米，瀝乾後將米和材料中的水、沙拉油放進電鍋的內鍋中混合，依一般方式炊飯。

❷ 製作壽司飯
將壽司醋的材料混合好。待飯炊好後，移進稍大的調理盆中，以畫圓的方式將壽司醋倒進去，再用飯匙以切開的方式翻攪開來，然後蓋上打濕的廚房紙巾，用保鮮膜鬆鬆地封起來，放涼到與體溫差不多（參考 P.45）。

❸ 盛盤
用手將海苔撕成碎末。將壽司飯盛盤，撒上海苔，再點綴青紫蘇，放上生魚片，旁邊再放上山葵。

【濃稠五分粥】

用小火慢煮，口感更滑順。
可以吃到粥的原味。

材料（4～5 碗飯的量）
米·················90ml（½ 合）
水·················4½ 杯（900ml）
梅乾·················適量

🗑 1 人份為 60kcal
🕐 調理時間為 50 分鐘

❶ 洗米
洗米後用濾網撈起，瀝乾。

❷ 炊飯
將米放入鍋中，倒進材料中的水量，以中火加熱。煮沸後大幅攪拌 1～2 次，然後將鍋蓋錯開一點蓋上，以小火炊煮 30～40 分鐘，過程中須攪拌 2～3 次。

❸ 盛碗
盛在碗裡，放上去籽的梅乾即可。

Ⓐ 不妨混搭加工品吧。例如佃煮紫菜＋起司＋鯽仔魚，或是香腸＋榨菜等。

「煮高湯」的基本技巧

煮高湯的方法

材料（約 5 杯份）
海帶……10g（10×20cm）
柴魚片（鰹魚）…15 ～ 20g
水 ……………………5 ½ 杯

🗑 總共為 70kcal
🕐 調理時間為 10 分鐘 *
* 不含海帶泡水的時間。

⭕ 海帶
這是市售專門用來煮高湯的海帶。像「日高昆布」這種比較薄的海帶，熬完高湯後還能再利用。

⭕ 柴魚片
除了削成寬薄片的高湯專用柴魚片（如圖）之外，利用小袋裝的細柴魚片也可以。只要夠新鮮都能熬煮出香氣，不會有異味。

1 海帶泡水

鍋中放入 5 杯水和海帶，靜置 30 分鐘。

2 以中火熬煮

以小火加熱，慢慢煮到水開始咕嚕咕嚕快要沸騰為止。

3 取出海帶

海帶全都冒出泡沫就取出。如果繼續煮到沸騰，海帶的異味和黏液就會釋出，須留意。

4 調節溫度

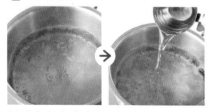

轉成大火煮沸（左圖）後，加進 ½ 杯水（右圖），然後熄火。

5 放進柴魚片

柴魚片放進鍋中。

靜置 2 ～ 3 分鐘。以約 80℃ 的水熬煮柴魚片，比較不會有異味，還更具香氣與美味。

6 用濾網過濾

濾網中鋪進廚房紙巾，然後放在調理盆上。輕輕地倒進濾網中，過濾出高湯。

7 輕輕擠乾

用長筷子將廚房紙巾折好，然後拿起濾網同時用長筷子輕輕按壓，把高湯擠出來。太用力，柴魚片的異味會跑出來，須留意。

  Q 如果只想煮少量的高湯，有什麼好方法嗎？

要做日本料理，一定要學會煮高湯。以海帶和柴魚片熬煮出來的高湯，是可運用於各式日本料理的萬用高湯。而以雞翅熬煮出來的雞高湯非常簡單又經典，可以品嘗到濃郁的美味。

完成了！

保存
請裝進保特瓶等容易將高湯倒出來的密封容器中，然後放進冰箱冷藏，在 2 ～ 3 日內使用完畢。

> 熬過高湯後的海帶和柴魚片再利用！

海帶和柴魚片的「當座煮」*

材料（2 人份）
熬煮過高湯的所有海帶和柴魚片（參考 P.98）　蔥 1 根　醬汁〔醬油、味醂、醋各 1 大匙　沙拉油 1 小匙　水 ⅔ 杯〕

1 海帶切成 2cm 的正方形，柴魚片切成粗末，青蔥從邊緣起切成寬 1cm 的蔥花。
2 將醬汁的材料放進鍋中，以中火加熱，煮沸後放進 **1**，一邊攪拌一邊煮 8 ～ 10 分鐘。

1 人份為 100kcal　調理時間為 15 分鐘

熬煮雞高湯的方法

材料（4 ～ 5 杯分）
雞翅‥‥‥‥‥‥‥‥‥‥‥6 隻
薑‥‥‥‥‥‥‥‥‥‥‥‥1 瓣
蔥的綠色部分‥‥‥‥‥1 根份
酒‥‥‥‥‥‥‥‥‥‥‥2 大匙
水‥‥‥‥‥‥‥‥‥‥‥‥6 杯

🗑 總共為 440kcal
🕐 調理時間為 30 分鐘

1 雞翅的事前處理
用水清洗雞翅，瀝掉水分，再用廚房紙巾擦乾。皮厚的部分朝下，用廚房剪刀沿著骨頭剪進去（參考 P.44）

2 以中火加熱

生薑刮皮後切成薄片，鍋中放入材料中的水量、雞翅、生薑、蔥和酒，以中火加熱。

3 去掉浮沫

煮沸後，用湯杓撈掉浮沫。只要一開始就將浮沫撈除，之後就不會再有。

4 以小火熬煮

轉成小火，約煮 20 分鐘後熄火，取出蔥和生薑。可將雞翅繼續放在裡面，也可拿出來利用。

完成了！

保存
雞高湯冷卻後會凝固成果凍狀，請裝進廣口的密封容器中，再放進冰箱冷藏，在 2 ～ 3 天內使用完畢。

*譯註：當座煮是醬油加砂糖、味醂等的一種煮物。「當座」有一段時間的意思，「當座煮」指的是這種料理可保存一段時間。

Ⓐ 將 1¼ 杯的水和 1 袋（5g）柴魚片放進稍小的鍋中，以中火煮沸，再續煮約 1 分鐘後過濾。這樣就能煮出約 1 杯量的高湯了。

【蘑菇味噌湯】

蘑菇滑溜的口感深具魅力。
加入味噌後熄火，不要煮過久而減損風味。

材料（2人份）
蘑菇……………………100g
高湯………2杯（參考 P.98）
味噌……………………2～3大匙
鴨兒芹…………………少許

🗑 1人份為 46kcal
🕐 調理時間為 5 分鐘

❶ 事前處理
蘑菇放入濾網中，在水裡輕輕清洗，取出後瀝乾。

❷ 煮
將高湯放進鍋中，以中火加熱，然後放進❶的蘑菇。

❸ 溶化味噌
將味噌放入帶柄的濾網中，在❷快煮沸之前放進去，讓味噌慢慢篩進❷中，然後熄火。盛入容器，將鴨兒芹切成 2cm 長，撒上去。

【麩皮鴨兒芹清湯】

要展現出高湯的美味與香氣，
就要調整好調味料的用量與搭配，
並且使用不搶風采的配料。這道湯品很適合用來款待客人。

材料（2人份）
高湯………2杯（參考 P.98）
　　┌ 味醂……………………1小匙
A 　│ 鹽………………………¼小匙
　　└ 醬油……………………少許
球狀的麩（烤麩）*……6個
鴨兒芹…………………6根

🗑 1人份為 20kcal
🕐 調理時間為 5 分鐘

* 也可以用「花麩」、「小町麩」
　等個人喜歡的烤麩。

❶ 事前處理
切掉鴨兒芹的根部，然後切成 3cm 長。

❷ 煮
將高湯放入稍小的鍋子中，再放進 A，以中火加熱，煮沸後放入球狀的麩，約煮 30 秒鐘。

❸ 盛起
倒進容器裡，撒上鴨兒芹。

Q 用雞翅煮高湯後，那些雞翅要怎麼處理才會好吃呢？

【雞湯麵線】

這是一道將乾麵線直接放進雞高湯裡煮的簡易食譜。
調味時須考量麵線本身的鹹度。

材料（2 人份）
雞高湯⋯⋯⋯⋯⋯全部分量
　　　　　　（參考 P.99）*
麵線⋯⋯⋯⋯⋯2 把（100g）
鴨兒芹⋯⋯⋯⋯⋯⋯½ 把
蔥⋯⋯⋯⋯⋯⋯⋯½ 根
白芝麻⋯⋯⋯⋯⋯1 大匙
醬油、芝麻油⋯⋯各適量

🍚 1 人份為 440kcal
🕐 調理時間為 30 分鐘

* 熬煮高湯的 6 隻雞翅不必取出。

❶ 事前處理
切掉鴨兒芹的根部，再切成 3～4cm
長。青蔥縱向對切，再斜切成薄片。

❷ 煮麵線
以中火加熱雞高
湯，煮沸後直接把
麵線放進去，煮
3～4 分鐘，待麵
線變軟後熄火。

❸ 盛起
將❷裝在碗裡，放上鴨兒芹和青蔥，撒
上芝麻。依個人喜好以適量的醬油、芝
麻油調味。

Ⓐ 可以去掉骨頭後撕開來，再拌進沙拉醬、美乃滋、和風黑醬（參考 P.152）、萬能大蒜醬油（參考 P.153）。

容易誤解的「烹飪用語」

敏子的搞笑劇場①
所謂的……一口大小?!

嗯？

你們把嘴巴張開來！

啊～～

媽媽的最大吧！

……怎麼醬

酷！

這就是我們家的一口大小！

食譜上出現的用語，有些的確有點難以理解。正確理解以下這些名詞，就能做出美味料理了！

○ 切成一口大小

切成可以放進嘴巴裡的大小。沒有固定尺寸，大約是邊長 2～3cm，請切成形狀、大小皆一致。

○ 切成容易入口的大小

尺寸依食材和料理而不同，大約是一兩口可以吃完的大小，請切成形狀、大小皆一致。

○ 適量

依狀況而定的適當分量。多出現於必須依食材和器具的大小而改變用量時。出現在做法中的話，多半寫成「大量」、「2cm 深」等；出現在沾著食用的醬油和香辛料時，就會寫成「依個人喜好調整」。

○ 少許

「少許鹽」是指用拇指和食指抓起來的分量，或者須視情況判斷（參考 P.13）。胡椒和鹽一樣，都是隨個人喜好增減即可。至於其他調味料，則注意不要放太多，要多加斟酌。

○ 1 瓣

大蒜的話，就是指包著薄皮的 1 小塊。生薑的話，就是指約為大拇指第一關節的大小。兩者大概都是 10g 左右。

大蒜 1 瓣

生薑 1 瓣

○ 1 腹

表示鱈魚子、明太子分量的單位，指 2 條分。一隻鱈魚的肚子裡有 2 條鱈魚子，因此以 2 條一組為單位。請不要誤會成 1 條。

○ 冷水

冷卻的水。自來水的溫度會隨季節改變，因此天氣熱時，可以在 1～2 公升的水中加進 2～3 顆冰塊。

○ 放涼

將加熱調理後的熱食，放涼到可以用手碰觸的程度。有時候完全冷卻會讓接下來的程序難以進行，請特別注意。

第 **4** 堂課

學會人氣料理

學會基本烹飪技巧後，忍不住想大顯身手了吧。

這堂課要教大家的，是經常被點名的人氣料理。

只要學會，就能躋身為料理達人了。

如果一時搞不清楚，

就複習一下第 1、2、3 堂課的內容吧！

肉類的人氣食譜

無論是平時或特別的日子，肉類料理始終是餐桌上的主角。請掌握提升美味的要訣，這樣就會有更多的拿手好菜了。也請參考本書介紹的組合方式和擺盤方式。

【薑燒豬肉】

說到豬肉料理，絕對少不了這一味！
清爽的醬油風味，以及最後裹在肉上面的砂糖香，
都更襯托出豬肉的美味。

材料（2 人份）
豬肩里肌肉（薄片）·····200g
洋蔥······½ 個
醬汁
┌ 薑······2 瓣
│ 酒······2 大匙
└ 醬油······1 大匙
太白粉······2 小匙
沙拉油······1 大匙
砂糖······1 大匙
小番茄······4 顆
青菜（或生菜）······適量

🍴 1 人份為 390kcal
🕐 調理時間為 15 分鐘

❶ 事前處理

洋蔥沿著纖維方向切成薄片。生薑刮皮後磨成泥。將醬汁的其他材料混合好。豬肉大略地撒上太白粉。

❷ 煎

平底鍋中放沙拉油以中火加熱,放進豬肉,攤開。豬肉的周圍放上洋蔥,然後煎 2～3 分鐘,待豬肉的邊緣變白後,翻面。

❸ 調味

熄火,在中央撥出空隙,放進❶的混合醬汁。以稍強的中火加熱,邊翻面邊煮約 1 分鐘收汁。再次於中央撥出空隙,放進砂糖,用長筷子輕輕攪動,讓砂糖溶化,砂糖呈褐色後就讓豬肉均勻裹上。

❹ 盛盤

小番茄去蒂後橫向對半,青菜切成容易入口的大小。將❸盛盤,再以蔬菜點綴。

【薑燒蔥鹽豬肉】

加上大量的蔥、味道清鹹的薑燒豬肉。
不加砂糖,可以吃出蔥的自然甘甜。

材料(2 人份)
豬肩里肌肉(薄片)……200g
蔥 * ……………………………… 1 根
太白粉…………………………… 2 小匙
醬汁
┌ 薑 …………………………… 1 瓣
│ 酒 …………………………… 2 大匙
│ 鹽 …………………………… ⅔ 小匙
└ 胡椒 ………………………… ¼ 小匙
芝麻油 …………………………… 1 大匙

🍴 1 人份為 350kcal
🕐 調理時間為 10 分鐘

* 可以的話請使用蔥綠的部分。

❶ 事前處理

蔥縱向對切後,再斜切成薄片。生薑刮皮後磨成泥,與醬汁的其他材料混合。豬肉大略地撒上太白粉。

❷ 煎

平底鍋中放芝麻油以中火加熱,放進豬肉,攤開煎 2～3 分鐘,待豬肉的邊緣變白就翻面,放進蔥片。

❸ 調味

熄火,在中央撥出空隙,放進❶的混合醬汁。以稍強的中火加熱,邊上下翻面邊煮約 1 分鐘收汁。

【照燒雞腿】

煎得光澤動人的雞腿肉，意外地超柔嫩。
請連搭配的蔬菜也一起煎吧。

材料（2 人份）
雞腿肉………2 片（450g）
青椒………………………2 個
麵粉………………………3 大匙

醬汁
┌ 醬油………………………2 大匙
│ 味醂………………………2 大匙
│ 酒…………………………2 大匙
└ 砂糖………………………1 大匙
沙拉油……………………1 大匙

🗑 1 人份為 600kcal
🕐 調理時間為 20 分鐘 *

* 不含雞肉恢復常溫的時間。

❶ 事前處理
讓雞肉恢復常溫，去除多餘的脂肪，然後畫出 3 ～ 4 道淺痕，撒上一層薄薄的麵粉（參考 P.42）。青椒縱向對切，去掉蒂和種籽。將醬汁的材料混合好。

❷ 煎
平底鍋中放沙拉油以中火加熱，再將雞肉皮面朝下放進鍋中。雞肉的周圍放上青椒，約煎 5 分鐘，待雞肉稍微煎出焦色後，將雞肉和青椒都翻面，再續煎 3 分鐘。

❸ 調味
熄火，取出青椒，用廚房紙巾拭去平底鍋中的油脂。以畫圓的方式倒進❶的混合醬汁，再次以中火加熱，煮沸後邊翻面邊煮 3 ～ 4 分鐘，煮到雞肉呈現焦糖般的光澤為止。

❹ 盛盤
取出雞肉，靜置約 2 分鐘，再切成 2cm 寬 的 肉片。由於很燙，用夾子或長筷子按住比較好切。盛盤，旁邊放青椒，再將平底鍋中殘留的醬汁淋上。

【嫩煎雞肉佐芝麻醬】

淋上甜甜鹹鹹的醬汁後，
簡單的嫩煎雞肉立即變身成日式風味。

材料（2 人份）

雞胸肉	2 片（400g）
鹽	½ 小匙
胡椒	少許
麵粉	2 大匙
沙拉油	1 大匙

芝麻醬汁

芝麻粉（白）	3 大匙
醬油	1 大匙
味醂	1 大匙
砂糖	1 小匙
水	¼ 杯

青紫蘇 2 片

🍴 1 人份為 590kcal
🕐 調理時間為 20 分鐘 *

* 不含雞肉恢復常溫的時間。

❶ 事前處理

讓雞肉恢復常溫，兩面撒上鹽和胡椒，再撒滿麵粉，然後輕輕拍掉，只留薄薄一層即可。

❷ 煎

平底鍋中放沙拉油以中火加熱，將雞肉皮面朝下排進鍋中，約煎 5 分鐘，待雞肉煎出焦色後，蓋上鍋蓋，以小火煎約 3 分鐘。熄火，續燜約 5 分鐘，以餘熱讓雞肉完全熟透後取出。

❸ 調製芝麻醬汁，盛盤

將除了芝麻粉以外的芝麻醬汁食材放進❷的平底鍋中，以中火加熱，煮沸後放進芝麻粉攪拌，熄火。將雞肉切成約 1.5cm 寬的肉片後盛盤。淋上芝麻醬汁，再放上撕碎的青紫蘇。

材料（2 人份）

雞柳	6 條（約 300g）
芝麻油	2 小匙
烤海苔（整片）	½ 片
麵粉	2 大匙
沙拉油	1 大匙

醬汁

醬油	1⅓ 大匙
味醂	1⅓ 大匙
水	2 大匙

花椒粉 少許

🍴 1 人份為 320kcal
🕐 調理時間為 15 分鐘

❶ 事前處理

去除雞柳的筋，均勻地淋上芝麻油（參考 P.43）。海苔切成 6 等分的長條形。

❷ 沾麵粉

每一條雞柳的中間都捲上一片海苔。薄薄地撒上麵粉。

❸ 煎

平底鍋中放沙拉油以中火加熱，再將❷排進鍋中，約煎 3 分鐘後翻面，續煎 3 分鐘。將醬汁的材料混合後倒入鍋中，約煮 1 分鐘讓雞肉裹上醬汁呈現光澤為止。盛盤，撒上花椒粉。

【蒲燒風海苔捲雞柳】

滋味清淡的雞柳用海苔來增添風味。
這種調味方式超下飯！

【韓式燒烤雞肝佐蔬菜】

雞肝炒得剛剛好，蔬菜很清脆，
醬汁完全裹上雞肝並入味，太好吃了！

材料（2 人份）

雞肝	250g	洋蔥	½ 個
牛奶	½ 杯	胡蘿蔔	⅓ 根（50g）
醬汁		高麗菜	4 片（200g）

醬汁

┌ 味噌………………2 大匙
│ 醬油………………1 大匙
│ 砂糖………………1 大匙
│ 蒜（泥）…………½ 瓣
│ 豆瓣醬……………½ 小匙
│ 太白粉、芝麻油……
└ ………………各 1 小匙

沙拉油………………1 大匙

🗑 1 人份為 330kcal

🕐 調理時間為 20 分鐘 *

* 不含雞肝泡在冷水中、泡在牛奶
中的時間。

❶ 盛盤

快速洗一下雞肝，約泡冷水 20 分鐘。去除脂肪和筋，薄削成一口大小，如果有血塊則切掉。將雞肝和牛奶放進調理盆中，再放進冰箱冷藏約 10 分鐘。用廚房紙巾擦乾水分（參考 P.44 ～ 45）。將醬汁的材料混合好，放入雞肝，充分拌勻。

❷ 蔬菜的事前處理

洋蔥沿著纖維方向切成薄片。胡蘿蔔洗淨，帶皮切成 4 ～ 5cm 長、1cm 寬的長條狀。高麗菜切成 5cm 的正方形。

❸ 炒

平底鍋中放沙拉油以中火加熱，再將雞肝連同醬汁放進去，攤開靜置 2 ～ 3 分鐘，待雞肝邊緣變白後翻面。依序將洋蔥、胡蘿蔔、高麗菜放入鍋中，靜置約 1 分鐘。轉成稍強的中火，上下翻炒約 2 分鐘，炒到入味為止。

【黑胡椒雞胗】

蔬菜的甘甜加上黑胡椒的辛辣，襯托出雞胗的好滋味。
最適合當啤酒的下酒菜！

材料（2 人份）
雞胗‧‧‧‧‧250g（淨重 200g）
蔥‧‧‧‧‧‧‧‧‧‧‧‧‧‧‧‧‧‧‧‧‧‧‧‧1 根
紅椒‧‧‧‧‧‧‧‧‧‧‧‧1 個（150g）
黑胡椒（粒）‧‧‧‧‧‧‧‧‧‧½ 小匙
芝麻油‧‧‧‧‧‧‧‧‧‧‧‧‧‧‧‧‧‧ 1 大匙
醬油‧‧‧‧‧‧‧‧‧‧‧‧‧‧‧‧‧‧‧‧‧‧ 1 小匙
鹽 ‧‧‧‧‧‧‧‧‧‧‧‧‧‧‧‧‧‧‧‧‧‧‧‧½ 小匙

🗑 1 人份為 190kcal
🕐 調理時間為 20 分鐘

❶ 事前處理

去掉雞胗的白筋部分，將厚度對半切開（參考 P.45）。把蔥 斜 切 成 1cm 厚。紅椒則縱向對切，去掉蒂和種  籽，再切成 3 ～ 4cm 長、1cm 寬。用廚房紙巾包住黑胡椒，再用湯匙壓碎。

❷ 炒雞胗

平底鍋中倒入 ½ 大匙的芝麻油，以中火加熱，放進雞胗，約炒 3 分鐘。熄火後先拿起來，淋上醬油。

❸ 炒

在❷的平底鍋中再放進 ½ 大匙的芝麻油，以中火炒壓碎的黑胡椒，待香氣散出後，放進蔥和紅椒，炒 3 ～ 4 分鐘。再將雞胗放回鍋裡，撒鹽，上下翻炒 1 ～ 2 分鐘。

【鮮嫩多汁漢堡肉】

慢煎漢堡肉能將絞肉的美味全鎖在裡面，嘗起來鮮嫩多汁。
蘿蔔泥中加了美乃滋，能品嘗到圓潤且清淡的好滋味。

材料（2 人份）

混合絞肉⋯⋯⋯⋯⋯⋯300g*
洋蔥⋯⋯⋯⋯⋯½ 個（80g）
吐司⋯⋯⋯½ 片（約 20g）
A ┌ 鹽⋯⋯⋯⋯⋯⋯⋯½ 小匙
　└ 肉豆蔻、胡椒⋯ 各少許
蛋⋯⋯⋯⋯⋯⋯⋯⋯ 1 顆
沙拉油⋯⋯⋯⋯⋯⋯⋯少許
蘿蔔（泥）⋯⋯⋯⋯⋯200g
美乃滋⋯⋯⋯⋯⋯⋯ 2 大匙
酸桔醋醬油（市售）**
　⋯⋯⋯⋯⋯⋯⋯⋯ 2 大匙

水芹（切成容易入口
　的大小）⋯⋯⋯⋯⋯適量

🗑 1 人份為 530kcal
🕐 調理時間為 25 分鐘 ***

* 依個人喜好調整牛絞肉和豬絞肉的比例。
** 可以依個人喜好調製醋和醬油。
*** 不含肉丸子放在冰箱冷藏的時間。

❶ 製作肉丸子

洋蔥切碎，吐司用手撕碎，將絞肉、
A 放進調理盆中，約攪拌 1 分鐘，再
放進洋蔥、吐司、蛋，整體拌勻後，
再攪拌約 2 分鐘讓它出現黏性（參考
P.49）。分成 2 等分。

❷ 整理形狀

手上塗抹沙拉油，
用兩手將❶如投接
球的方式打在手掌
上，約重複 4 ～
5 次，擠掉肉丸子
中的空氣。整理成
約 2cm 厚的橢圓形後，放入平底方盤
中，再放進冰箱冷藏約 30 分鐘。

❸ 煎

平底鍋中不塗油，將❷排進鍋中，從中
間壓扁。以中火加熱，約煎 5 分鐘。
待下面煎出焦色後翻面，蓋上鍋蓋，轉
成小火，續煎 7 ～ 8 分鐘至熟透。

❹ 盛盤

盛盤。將瀝乾的蘿蔔泥和美乃滋混合後
放在盤邊，再點綴水芹。食用時淋上酸
桔醋醬油。

【日式豬肉煎餃】

日式料理店人氣強強滾的煎餃。日式煎餃的特色是它像長出了翅膀，而翅膀又酥又香的祕訣在於起司粉。
加進了切細的豬五花肉，濃郁感和美味都加倍！肉餡放涼後再包，吃起來就會更多汁。

材料（3～4人份）
豬絞肉⋯⋯⋯⋯⋯⋯⋯⋯100g
豬五花肉（薄片）⋯⋯⋯50g
高麗菜⋯3～4片（150g）
鹽⋯⋯⋯⋯⋯⋯⋯⋯⋯⋯1小匙
A ┌ 薑（泥）⋯⋯⋯⋯⋯1瓣
　│ 蒜（泥）⋯⋯⋯⋯⋯1瓣
　│ 醬油⋯⋯⋯⋯⋯⋯⋯1大匙
　│ 芝麻油⋯⋯⋯⋯⋯⋯1小匙
　└ 水⋯⋯⋯⋯⋯⋯⋯⋯3大匙
水餃皮⋯⋯⋯⋯1袋（24片）
沙拉油⋯⋯⋯⋯⋯⋯⋯⋯1大匙
B ┌ 麵粉⋯⋯⋯⋯⋯⋯⋯2大匙
　│ 起司粉⋯⋯⋯⋯⋯⋯1大匙
　└ 水⋯⋯⋯⋯⋯⋯⋯⋯⅔杯
醬汁
　┌ 醋⋯⋯⋯⋯⋯⋯⋯⋯2大匙
　└ 豆瓣醬⋯⋯⋯⋯⋯⋯2小匙

🍱 1人份為 290kcal
🕐 調理時間為 50 分鐘 *

* 不含高麗菜鹽漬、肉餡放進冰箱冷藏
　的時間。

❶ 事前處理
高麗菜切成粗末，放進調理盆中，撒上
鹽，用手搓揉約 1 分鐘，然後靜置約
10 分鐘後擠乾水分。將豬五花肉疊在
一起，從邊緣開始切成 5mm 寬。

❷ 製作肉餡
將豬五花肉、絞肉、A 放進調理盆中，
用手攪拌約 2 分鐘讓它出現黏性為
止。放進高麗菜，繼續攪拌約 1 分鐘
（參考 P.49），放進平底方盤中，表
面抹平，再放進冰箱冷藏約 30 分鐘。

❸ 包
將 ❷ 分 成 24 等
分，每張水餃皮各
放一團小肉餡，皮
的邊緣稍微塗點水
後 對 摺，一 邊 用
食指摺出一個個皺
褶，一邊確實包緊。其餘的水餃也以同
樣方式包起來。

❹ 煎
將 B 的麵粉和起司
粉放進稍小的調理
盆中，一點一點加
入材料中的水量，
同時攪拌均勻。平
底 鍋 中 放 入 ½ 大

匙的沙拉油，以中火加熱，將 ½ 量的
❸ 排進去。以稍強的中火煎 2 ～ 3 分
鐘，煎至底部呈焦色為止。再將混合
好的 B 的 ½ 量沿著平底鍋的邊緣倒進
去，立刻蓋上鍋蓋，以中火蒸煎 4 ～ 5
分鐘。待水分快收乾時打開鍋蓋，再煎
約 2 分鐘後熄火。

❺ 盛盤
用比平底鍋小一圈
的盤子蓋在煎餃
上，用隔熱手套按
住，然後將平底鍋
翻面直接盛盤。其
他 ½ 的 煎 餃 也 以

同樣模式煎好，然後將醬汁的材料混合
好放在旁邊沾取。

【汆燙白肉】

將整塊肉慢慢煮熟，然後切成薄片，好似吃生魚片的感覺。
可隨個人喜好沾山葵或芥末，也可以混合沾著吃。

材料（2 人份）

汆燙白肉（容易製作的分量）
┌ 豬肩里肌肉（塊）⋯⋯800g
│ 鹽⋯⋯⋯⋯⋯⋯⋯⋯⋯1 大匙
│ （約為豬肉重量的 2%）
│ 沙拉油⋯⋯⋯⋯⋯⋯⋯1 大匙
│ 酒⋯⋯⋯⋯⋯⋯⋯⋯⋯½ 杯
└ 薑（切成薄片）⋯⋯⋯1 瓣
海帶芽切片（乾）⋯⋯2 大匙
小黃瓜⋯⋯⋯⋯⋯⋯⋯⋯1 條
鹽⋯⋯⋯⋯⋯⋯⋯⋯⋯⋯1 小匙
山葵、芥末醬⋯⋯⋯⋯各適量
醬油⋯⋯⋯⋯⋯⋯⋯⋯⋯適量

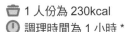 1 人份為 230kcal
 調理時間為 1 小時 *

* 不含豬肉放進冰箱冷藏、海帶芽
　泡軟的時間。

❶ 將肉預先調味好

豬肉撒上鹽，用手
均勻地揉進肉裡，
再淋上沙拉油，使
肉都均勻地沾上
油。每一條肉都用
保鮮膜封住，放進
冰箱冷藏 1 小時～ 2 天。放愈久會愈
有鹹味，釋出多餘的水分後，肉質會更
緊實可口。

❷ 水煮

拿掉包著豬肉的保
鮮膜，快速洗一下
並瀝乾。放進鍋
中，再放進 5 杯
水、酒、生薑，以
中火加熱。煮沸後
撈掉浮沫，再加進 1 杯水降溫，鍋蓋
不要蓋緊，以小火約煮 40 分鐘。取出
白肉，放進密封容器（或是調理盆）
中，倒入煮豬肉的水，分量要可以浸泡
白肉，然後靜置放涼。

❸ 盛盤

將海帶芽浸在 1 杯水中約 10 分鐘泡
軟，然後瀝乾。小黃瓜搓鹽（參考
P.28），快速洗一下擦乾水分，切絲。
將 ½ 條白肉切成 5 ～ 6mm 寬，盛盤，
旁邊放上小黃瓜和海帶芽。依個人喜好
沾醬油、山葵、芥末醬享用。

保存

剩下的白肉浸入煮肉的水裡，直接放進
冰箱冷藏。表面蓋上打濕的廚房紙巾，
肉質比較不會變乾。宜在 1 週內食用
完畢。

【炸豬肉丸】

即使是薄薄的豬肉片，捏成圓球來炸也會顯得很有分量。這是一道可以品嘗到豬肉美味的經濟佳餚。

材料（2～3 人份）

豬薄肉片 ·························300g
預先調味
├ 醬油 ·························1 大匙
├ 砂糖 ·························1 小匙
└ 蛋 ·························1 顆
麵粉 ·························½ 杯
沙拉油 ·························適量
小黃瓜 ·························½ 條
鹽 ·························½ 小匙

🗑 1 人份為 410kcal
🕐 調理時間為 25 分鐘 *

* 不含豬肉預先調味的時間。

❶ 事前處理

豬肉放入調理盆中，依序將預先調味的材料放進去，充分揉勻，靜置約 10 分鐘。

撒上麵粉，攪拌到完全不結粒的狀態為止。分成 8 等分，用手捏成圓球狀，排進平底方盤中。

❷ 炸

在平底鍋中倒入沙拉油至 2cm 深，以稍強的中火加熱到高溫（約 180℃／參考 P.76），將❶一個個全部放進去，油炸 3～4 分鐘，待表面凝固後，翻面再續炸約 4 分鐘。呈現金黃色、變酥脆後，取出放到鋪上廚房紙巾的平底方盤中去油。

❸ 盛盤

小黃瓜搓鹽（參考 P.28），快速清洗一下，瀝乾，斜切成薄片。盛盤，放上❷即可。

材料（2～3 人份）

雞翅 ·························8 隻
牛奶 ·························1 大匙
麵粉 ·························⅔ 杯
沙拉油 ·························1½ 杯
A ├ 青海苔粉 ·························2 大匙
├ 味醂 ·························1 大匙
├ 鹽 ·························½ 小匙
└ 胡椒 ·························少許
檸檬 ·························適量

🗑 1 人份為 330kcal
🕐 調理時間為 30 分鐘

❶ 事前處理

雞翅沿著骨頭的方向剪進去（參考 P.44），放進平底方盤中，淋上牛奶，撒上 ½

量的麵粉。待雞翅濕潤了之後，再撒上剩餘的麵粉。

❷ 炸

在平底鍋中倒入沙拉油至 2cm 深，以稍強的中火加熱至高溫（約 180℃／參考 P.76），將❶一個個全部放進去，油炸 4～5 分鐘，翻面再續炸 4～5 分鐘。待整體呈現金黃色、變酥脆後，取出放到鋪上廚房紙巾的平底方盤中去油。

❸ 撒上海苔粉

將 A 放進調理盆中混合，再趁熱均勻地撒在❷上。盛盤，然後裝飾切成月牙形的檸檬片。

【海苔雞翅】

雞翅不容易預先調味，因此油炸後再撒上調味料即可。請務必試試這道極富香氣的和風味雞翅。

海鮮的人氣食譜

只會煮一百零一種魚嗎……。放心吧，這裡要介紹更多種海鮮料理的簡單食譜。不論煎、炒、煮、炸，全都用平底鍋就搞定，滋味豐富皆大歡喜。

【香料竹筴魚佐番茄醬】

只是一起撒上鹽和香料而已，吃慣了的鹽燒竹筴魚，
一秒變身為時髦的香料風味。

材料（2 人份）

竹筴魚 *............2 隻	番茄醬汁
鹽...............½ 小匙	┌ 番茄（大）................1 個
綜合香料 .....½ 小匙	├ 醋........................1 大匙
（乾／參考 P.16）	├ 鹽、胡椒............各少許
	├ 橄欖油....................2 大匙
	└ 巴西里（碎末）.....1 小匙
	橄欖油............1～2 小匙

🗑 1 人份為 250kcal
🕐 調理時間為 30 分鐘 **

* 1 隻約 150～200g。
** 不含醃漬的時間。

① 事前處理

去掉竹筴魚側身的稜鱗，切掉頭部和尾部，在魚腹上劃刀，挖出內臟。用水清洗，再以廚房紙巾擦乾（參考 P.52）。放進平底方盤中，兩面撒上鹽和綜合香料，靜置約 20 分鐘。

② 調製番茄醬汁

番茄去蒂，橫向對切，再用湯匙挖掉種籽，切成 1cm 左右的小丁狀。放進調理盆中，將番茄醬汁的其他材料加入，拌勻。

③ 煎

用廚房紙巾將竹筴魚表面的水分擦乾。平底鍋中放入橄欖油，以中火加熱，將竹筴魚排進去，以稍強的中火約煎 5 分鐘後，翻面，續煎約 4 分鐘。過程中如果油脂跑出來，就用廚房紙巾輕輕擦掉。將魚背部分靠在平底鍋的側邊煎，煎到整體呈焦色為止。盛盤，淋上番茄醬汁。

【烤魷魚】

一整隻魷魚直接烤。
將腸子蒸煎起來裹在魷魚上，就像淋上醬汁一樣美味。

材料（2 人份）
魷魚 *⋯⋯⋯ 1 隻（約 300g）
美乃滋⋯⋯⋯⋯⋯⋯⋯ 1 大匙
沙拉油⋯⋯⋯⋯⋯⋯⋯ 1 大匙
鹽 ⋯⋯⋯⋯⋯⋯⋯⋯⋯ ¼ 小匙
醬油⋯⋯⋯⋯⋯⋯⋯⋯⋯ 少許

🍱 1 人份為 210kcal
🕐 調理時間為 20 分鐘

* 生食用。腸子也要用到。

❶ 事前處理

將魷魚的腳和內臟拔出來，腳的部分切成 2 隻一組，身體部分每隔 8mm 劃一刀（參考 P.54）。將腸子完整取出來（參考 P.55），放在鋁箔紙上，淋上美乃滋，鬆鬆地包起來。

❷ 煎

平底鍋中放入沙拉油，以中火加熱，將魷魚的身體、腳及用鋁箔紙包著的腸子放進去。約煎 3 分鐘後，將魚身和腳翻面，再續煎約 1 分鐘。將用鋁箔紙包著的腸子拿出來，再續煎鍋中的魷魚約 2 分鐘，最後撒上鹽。

❸ 盛盤

將魷魚裝盤，再輕輕攪拌腸子後放在魷魚旁邊。可以邊吃邊切魷魚，沾腸子享用。如果不夠鹹，就在腸子上淋點醬油。

材料（2 人份）
蝦子（無頭／帶殼）
　⋯⋯ 15 ～ 16 隻（250g）
酒 ⋯⋯⋯⋯⋯⋯⋯⋯⋯⋯ 2 小匙
綠蘆筍⋯⋯⋯⋯⋯ 1 把（150g）
蔥 ⋯⋯⋯⋯⋯⋯⋯⋯⋯⋯ 1 根
芝麻油⋯⋯⋯⋯⋯⋯⋯ 1 大匙
鹽 ⋯⋯⋯⋯⋯⋯⋯⋯⋯ ½ 小匙

🍱 1 人份為 180kcal
🕐 調理時間為 20 分鐘

❶ 事前處理

蝦子去殼，在背部劃刀，去除泥腸（參考 P.55），淋上酒。把蘆筍的根部稍微切掉，用削皮器削掉下半部的皮，然後切成滾刀塊。蔥斜切成 1cm 寬。

❷ 炒

平底鍋中放芝麻油，以中火加熱，放進已經用廚房紙巾擦乾水分的蝦子，全部攤開靜置 1 分鐘後，再集中到中央，然後四周放蘆筍和蔥，用木匙輕輕按壓蔬菜約 2 分鐘，再上下翻炒 2～3 分鐘。

❸ 調味

撒上鹽，續炒 1～2 分鐘入味即可。

【鮮蝦炒蘆筍】

淡淡的鹹味，能吃到蝦子和蘆筍的原汁原味。

【煮秋刀魚】

甜甜鹹鹹恰到好處，是煮魚的基本調味。
也可應用於竹莢魚和比目魚。

材料（2 人份）
秋刀魚……2 隻（約 400g）
薑……………………… 2 瓣
醬汁
┌ 醬油………………… 2 大匙
│ 酒…………………… 2 大匙
│ 砂糖………………… 2 大匙
└ 水……………………… ½ 杯

🗑 1 人份為 560kcal
🕐 調理間為 25 分鐘

❶ 事前處理
切掉秋刀魚的頭部和尾部，
然後將魚身切成 3 等分。去
除內臟，水洗後用廚房紙巾
擦乾水分（參考 P.53）。生
薑刮皮後切成薄片，再將一
半的生薑繼續切成細絲。

❷ 煮
將醬汁的材料倒進稍小的平
底鍋中，以中火煮沸後，放
進秋刀魚、生薑薄片，並不
時用湯匙舀起醬汁淋在秋刀
魚上，約煮 3 分鐘。蓋上
打濕的廚房紙巾，再蓋上鍋
蓋，以小火約煮 10 分鐘。

❸ 盛盤
盛盤。撒上薑絲。

材料（2 人份）
蘿蔔…………… ½ 根（400g）
鰤魚（切塊）… 2 塊（250g）
鹽…………………… ⅓ 小匙
芝麻油……………… 1 大匙
　┌ 酒………………… ½ 杯
A │ 醬油……………… 3 大匙
　└ 砂糖……………… 3 大匙

🗑 1 人份為 540kcal
🕐 調理時間為 35 分鐘

❶ 事前處理
鰤魚用水稍微沖一下，再用
廚房紙巾擦乾水分，每一塊
都對半切開，然後兩面撒
鹽。蘿蔔洗淨，帶皮切成
1.5cm 厚的半圓形。將 A 混
合好。

❷ 煎
平底鍋中放進芝麻油，以中
火加熱，將鰤魚排進去，約
煎 2 分鐘後翻面，再續煎 2
分鐘，熄火，取出。然後再
將平底鍋以中火加熱，將蘿
蔔排進去，利用剩餘的油煎
3～4 分鐘，待煎得有一點
焦時翻面，續煎 3～4 分鐘。

❸ 煮
將鰤魚放在蘿蔔上面，再將
A 以畫圓方式淋上去。煮沸
後，用湯匙舀起醬汁均勻地
淋在鰤魚和蘿蔔上，然後轉
成小火。蓋上打濕的廚房紙
巾，再蓋上鍋蓋，約煮 15
分鐘。將鰤魚和蘿蔔一個個
翻面，讓鰤魚裹上醬汁入味。

【鰤魚煮蘿蔔】

將鰤魚和蘿蔔都煎得恰到好處後再煮，美味全鎖住了。
不加水也不加高湯，用大量的酒來煮，滋味更濃郁。

【番茄辣醬鮮蝦】

用新鮮番茄調製出來的辣醬，有著番茄的自然甘甜，深具魅力。
最後用打散的蛋攪拌，使呈濃稠狀。

材料（2 人份）
蝦子（無頭／帶殼）
　……15 ～ 16 隻（250g）
A ┌ 太白粉……………3 大匙
　└ 鹽…………………少許
預先調味
┌ 鹽…………………少許
│ 芝麻油……………1 小匙
└ 太白粉……………3 大匙
沙拉油………………2 大匙
辣醬
┌ 番茄………2 個（300g）
│ 蒜（泥）………½ ～ 1 瓣
│ 砂糖………………1 大匙
│ 芝麻油……………1 大匙
│ 豆瓣醬……………1 小匙
└ 鹽…………………½ 小匙
蛋……………………1 顆

🗑 1 人份為 410kcal
🕐 調理時間為 15 分鐘

❶ 事前處理
去蝦殼，背部劃刀，去除泥腸，放進調
理盆中，撒上 A 揉勻，然後清洗，擦
乾水分（參考 P.55）。再放進調理盆
中，依序將預先調味的材料放進去，
拌勻。要做成辣醬的番茄去蒂，切成
1cm 的小丁狀。

❷ 煎
平底鍋中放沙拉油以中火加熱，將❶的
蝦子放進去，約煎 1 分鐘後翻面，再
續煎約 1 分鐘，待蝦子變紅蜷曲後熄
火，取出放在平底方盤中。

❸ 放進辣醬裡煮，完成
平底鍋中放進辣醬
的材料，以稍強的
中火加熱，煮沸後
再續煮約 5 分鐘，
待呈濃稠狀後，將
❷的蝦子放回鍋中

混拌。將蛋打散，以畫圓的方式倒入鍋
中，大大翻攪至半熟後即可。

【義式水煮鱈魚】

一種義式魚料理，也就是用水將魚的美味提出來。
再加入能提升美味的小番茄和大蒜，讓整道菜更顯豐盛。

材料（2 人份）
新鮮鱈魚 *……2 塊（250g）
預先調味
﹝ 鹽……………………½ 小匙
﹣ 胡椒…………………少許
小番茄……………………10 顆
蒜………………………… 1 瓣
橄欖油……………………4 大匙
橄欖（黑）………………10 個
刺山柑 **………………2 大匙
紅辣椒（去籽）…………½ 根
鹽 ………………………⅓ 小匙
芝麻菜……………………適量

🍱 1 人份為 370kcal
🕐 調理時間為 20 分鐘

* 也可以使用鯛魚、銀鱈或旗魚。

** 將地中海原產的植物花苞以鹽或醋醃漬，風味獨特，多用於魚類料理等。一般都是做成泡菜形式。

❶ 事前處理

將鱈魚放在平底方盤中，兩面撒上鹽和胡椒預先調味。小番茄去蒂，在皮上劃刀。大蒜則切成碎末。

❷ 煎鱈魚

平底鍋中放 2 大匙橄欖油，以中火加熱，放進大蒜快速翻炒一下，把❶的鱈魚皮面朝下地排進鍋中，約煎 2 分鐘後翻面，再續煎約 2 分鐘。

❸ 蒸煮

將❶的小番茄、橄欖、刺山柑、紅辣椒放進去，以畫圓的方式倒進 ¼ 杯的水，撒上鹽，煮沸後再放進 2 大匙的橄欖油。蓋上鍋蓋，轉成小火約煮 10 分鐘。盛盤，將芝麻菜撕成容易入口的長度後點綴在旁邊。

【炸竹筴魚】

挑戰定食餐廳裡的人氣料理吧！
只要確實裹上麵衣，就能炸得外酥內軟了。

材料（2 人份）
竹筴魚·······················2 隻
預先調味
⌈ 鹽·······················¼ 小匙
⌊ 胡椒·····················少許
麵衣
⌈ 蛋························1 顆
⌊ 麵粉·····················4 大匙
新鮮麵包粉··················2 杯
沙拉油······················適量
高麗菜（切絲）···············適量
檸檬（切成月牙形）·····適量
中濃醬（隨個人喜好）·適宜

🍱 1 人份為 300kcal
🕐 調理時間為 40 分鐘

❶ 事前處理

竹莢魚開背，去骨（參考 P.52），兩
面撒上鹽和胡椒預先調味。

❷ 調製麵衣

將調製麵衣的蛋打
進調理盆中，放進
麵粉，充分攪拌。
將麵包粉放在平底
方盤中。手拿著竹
莢魚的尾巴，用湯
匙將麵衣一點一點均勻地淋在魚上面。
尾巴部分不必塗上麵衣。然後放在麵包
粉上，將四周的麵包粉撒上去，輕壓使
之確實裹上。

❸ 炸

在平底鍋中倒進深 2cm 的沙拉油，
以中火加熱至高溫（約 180℃／參考
P.76），將❷放進去，以稍強的中火約
炸 3 分鐘，翻面再續炸 3 ～ 4 分鐘。
取出放在鋪上廚房紙巾的平底方盤中去
油，再和高麗菜一起盛盤，旁邊放上切
對半的檸檬。再隨個人喜好淋上中濃
醬。

119

豆腐的人氣食譜

豆腐、油豆腐皮、油豆腐總是擔任最佳配角。將它們組合起來，或簡單烹調一下，做成一道豆腐佳餚，絕對會是出色的人氣經典料理！

【韭菜豆腐炒豬五花】

清淡的豆腐，配上豬肉的美味和韭菜的特殊風味，
再加上蛋的滑嫩，三兩下就做出一道超有料的佳餚。

材料（2 人份）
木綿豆腐⋯⋯⋯ 1 塊（300g）
豬五花肉（薄片）⋯⋯⋯100g
太白粉⋯⋯⋯⋯⋯⋯ 1 小匙
韭菜⋯⋯⋯⋯⋯⋯⋯⋯50g
蛋⋯⋯⋯⋯⋯⋯⋯⋯ 1 顆
鹽⋯⋯⋯⋯⋯⋯⋯ ½ 小匙
芝麻油⋯⋯⋯⋯⋯⋯ 1 大匙
醬油⋯⋯⋯⋯⋯⋯⋯ 1 小匙
柴魚片⋯⋯⋯⋯⋯⋯⋯ 5g

🗑 1 人份為 420kcal
🕐 調理時間為 15 分鐘 *

* 不含豆腐去水的時間。

❶ 事前處理
豆腐撕成約 10 等分，用廚房紙巾包住，靜置約 15 分鐘去掉水分（參考 P.58）。豬肉切成 5cm 長，大略撒上太白粉。韭菜切成 5cm 長。將蛋打散。

❷ 放進平底鍋中加熱
平底鍋中放進芝麻油，以中火加熱，拿掉包住豆腐的廚房紙巾後，將豆腐排進鍋中，再將豬肉放在豆腐中間，煎 2 分鐘。用木匙和長筷子將豆腐和豬五花上下翻面，再續煎約 2 分鐘。

❸ 翻炒，完成
撒上鹽，將打散的蛋液以畫圓方式倒入，用木匙從鍋底大大翻炒約 10 次，讓蛋液裹上豆腐和豬五花。放進韭菜，大大翻炒一下，再於鍋子中央撥開空隙，倒進醬油，整體拌勻，再放進柴魚片快速混拌。

【麻婆豆腐】

用絞肉的美味把柔嫩滑溜的豆腐包起來。
祕訣在於先炒生薑和調味料，讓風味更突出。

材料（2 人份）
木綿豆腐 ⋯⋯⋯ 1 塊（300g）
豬絞肉 ⋯⋯⋯⋯⋯⋯⋯ 100g
薑 ⋯⋯⋯⋯⋯⋯⋯⋯⋯⋯⋯ 1 瓣
蔥 ⋯⋯⋯⋯⋯⋯⋯⋯⋯⋯⋯ ½ 根
沙拉油 ⋯⋯⋯⋯⋯⋯⋯⋯ 1 大匙
豆瓣醬 ⋯⋯⋯⋯⋯⋯⋯⋯ 1 小匙
甜麵醬 ⋯⋯⋯⋯⋯⋯⋯⋯ 2 大匙
A ⎡ 醬油 ⋯⋯⋯⋯⋯⋯ 1½ 大匙
　 ⎣ 水 ⋯⋯⋯⋯⋯⋯⋯⋯ ½ 杯
太白粉水
　⎡ 太白粉 ⋯⋯⋯⋯⋯⋯ 2 小匙
　⎣ 水 ⋯⋯⋯⋯⋯⋯⋯⋯ 1⅓ 大匙

🗑 1 人份為 340kcal
🕐 調理時間為 15 分鐘

❶ 事前處理
砧板上鋪廚房紙巾，再放上豆腐，切成約 2cm 小塊狀。生薑和蔥皆切成碎末。分別將 A 和太白粉水調好。

❷ 炒
平底鍋中放沙拉油、生薑、豆瓣醬、甜麵醬，以中火加熱。待油滾後，用木匙拌炒出香氣，再放進絞肉，翻炒開來。炒熟後加進蔥花快速混拌。

❸ 煮

將混合好的 A 以畫圓方式倒進鍋中，輕輕攪拌。煮沸後熄火，小心地將豆腐放進去，然後邊輕輕搖晃鍋子，不要弄破豆腐，開火煮 2 分鐘。搖晃的過程中，豆腐會沾滿醬汁而入味。

❹ 完成

將太白粉水再次攪拌一下，然後一點一點倒進醬汁裡。邊用木匙輕輕地從底下翻上來，邊煮 1 分鐘左右，讓整體呈濃稠狀。

【煎豆腐】

煎到稍微焦黃的豆腐塊，是非常健康的料理。
上面再淋上內含水煮蛋的濃郁醬汁。

材料（2 人份）

木綿豆腐⋯⋯⋯ 1 塊（300g）
A ┌ 鹽⋯⋯⋯⋯⋯⋯⋯ ½ 小匙
　 └ 麵粉⋯⋯⋯⋯⋯⋯ 2 大匙
沙拉油⋯⋯⋯⋯⋯⋯⋯⋯ 1 大匙
簡易塔塔醬
┌ 水煮蛋⋯⋯⋯⋯⋯⋯ 1 顆
│ 美乃滋⋯⋯⋯⋯⋯⋯ 3 大匙
└ 黃芥末粒⋯⋯⋯⋯⋯ 2 小匙
生菜嫩葉⋯⋯⋯⋯⋯⋯⋯⋯適量

🗑 1 人份為 370kcal
🕐 調理時間為 15 分鐘 *

* 不含豆腐去水的時間。

❶ 豆腐去水

砧板上鋪廚房紙巾，再將豆腐橫放上去，從邊緣開始切成 4 等分。用廚房紙巾包起來，靜置 30 分鐘去水（參考 P.58）。

❷ 調製簡易塔塔醬

水煮蛋剝殼後放進調理盆，用叉子的背面壓碎，再放進調製塔塔醬的其他材料，拌勻。

❸ 煎

將 A 放進另一個平底方盤中，拌勻後攤開。將❶的豆腐排進去，均勻裹上 A，再輕輕拍掉，只留薄薄一層即可。平底鍋中放入沙拉油，以中火加熱，然後將豆腐排入，煎 3 ～ 4 分鐘後翻面，再續煎 3 ～ 4 分鐘。

❹ 盛盤

將❸盛盤，旁邊放上生菜嫩葉，再淋上❷。

材料（2 人份）

油豆腐⋯⋯⋯⋯ 1 塊（200g）
麵粉⋯⋯⋯⋯⋯⋯⋯⋯⋯⋯ 1 大匙
杏鮑菇⋯⋯⋯⋯⋯ 1 根（50g）
沙拉油⋯⋯⋯⋯⋯⋯⋯⋯ 1 大匙
醬汁
┌ 味醂⋯⋯⋯⋯⋯⋯⋯ 3 大匙
│ 醬油⋯⋯⋯⋯⋯⋯⋯ 2 大匙
└ 砂糖⋯⋯⋯⋯⋯⋯⋯ 1 小匙
薑（泥）⋯⋯⋯⋯⋯⋯⋯⋯適量

🗑 1 人份為 310kcal
🕐 調理時間為 20 分鐘

❶ 事前處理

將油豆腐放在溫水中清洗表面（參考 P.59），再用廚房紙巾擦乾，切成 1.5cm 寬，排進平底方盤中，兩面皆撒滿麵粉。杏鮑菇縱切成 4 等分。醬汁的材料混合好。

❷ 煎

平底鍋中放入沙拉油，以中火加熱，將❶的油豆腐和杏鮑菇排進鍋中，煎 3 ～ 4 分鐘後翻面，再續煎 3 ～ 4 分鐘。

❸ 完成

熄火，在鍋子的中央撥出空隙，倒進❶的醬汁，再次以中火加熱，約煮 1 分鐘讓醬汁呈現光澤及濃稠狀，並裹上豆腐。盛盤，將平底鍋中殘留的醬汁淋上去，旁邊再放上薑泥。

【照燒油豆腐】

將油豆腐煎到焦黃後，裹上甜甜鹹鹹的醬汁。
就是一道很有咬勁的健康料理。

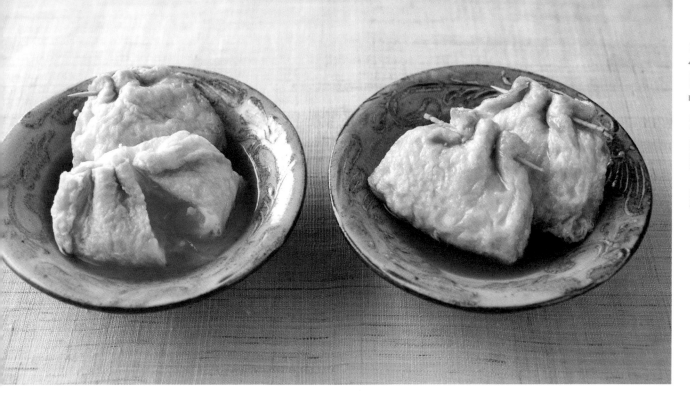

【腐皮福袋】

油豆腐皮弄成袋狀，裡面放生蛋烹煮，非常簡單。
半熟的蛋液濃稠地流出來，甜甜鹹鹹的湯汁慢慢在口中化開，美味極了！

材料（2 人份）
油豆腐皮·········2 片（60g）
蛋·····························4 顆
A ⎡ 醬油···············2 大匙
　⎢ 砂糖···············1 大匙
　⎣ 味醂···············4 大匙
醋·····························1 小匙

🗑 1 人份為 380kcal
🕐 調理時間為 20 分鐘 *

* 不含放涼的時間。

❶ 事前處理

將油豆腐皮放在溫水中揉洗，然後擠乾，將長度對切開來，一個個排在砧板上，用長筷子在油豆腐皮上面滾 2～3 次，再將切口輕輕剝開，手指伸進去弄成袋狀（參考 P.59）。

❷ 將蛋放進油豆腐皮中

將一顆蛋打進小容器裡，再將❶的油豆腐皮打開開口，把蛋輕輕放進去。用牙籤將開口封好。其他的油豆腐也以同樣方式處理好。

❸ 煮

將 A、½ 杯的水放進稍小的平底鍋中以中火加熱，沸騰後將❷立放在鍋邊，煮 2～3 分鐘後放倒，再轉成小火約煮 5 分鐘。將

醋以畫圓方式倒進去，熄火。放涼同時入味。

蛋的人氣食譜

鬆軟的、焦香的、濃稠的，蛋料理的魅力在於依做法不同而風味百變。只要學會左右美味度的打蛋方式和加熱方式，就能煮得一手好蛋了！

【歐姆蛋】

外表鬆軟，內裡濃郁。加在蛋液裡的美乃滋是柔軟的祕訣。
翻面時將鍋子拿離火源，就能不慌不忙地煎出漂亮的歐姆蛋。

材料（1 人份）
蛋 ····················· 3 顆
A ┌ 美乃滋 ············· 1 大匙
  └ 鹽、胡椒 ········· 各少許
沙拉油 ·················· 1 小匙
奶油（冰冷的）········· 1 小匙

🗑 1 人份為 370kcal
🕐 調理時間為 5 分鐘

❶ 打蛋液
把蛋打進調理盆中，充分攪散（約 30 次／參考 P.62），再放進 A 攪拌，美乃滋不必拌勻，留下一點結粒也無妨。

❷ 煎
將沙拉油放進稍小的平底鍋中，以中火加熱 2 分鐘，放進奶油，約 ⅔ 量融化而起泡後，就把蛋液高高地一口氣倒下去，立刻快速攪拌 20 ～ 30 次。用橡皮刮刀比較容易整理出形狀。將平底鍋拿離火源，放在濕布上，稍微抬起靠近自己這一側，然後一邊傾斜平底鍋一邊用橡皮刮刀將蛋撥到另一側。

❸ 翻面
保持平底鍋呈傾斜狀態，以中火加熱 30 秒，將表面煎焦。再次將平底鍋拿離火源，將橡皮刮刀從邊緣伸進去，讓蛋朝自己的方向翻面（上圖）。再次以中火加熱，將蛋撥到靠自己這一側，約煎 30 秒 ～ 1 分鐘，讓它沿著鍋邊煎出弧形（下圖）。

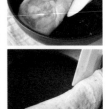

❹ 整理形狀
熄火，再次將蛋撥到對側，反握鍋把，將鍋子翻面並盛盤。蓋上廚房紙巾整理形狀。

【義式烘蛋】

這是義大利式的蛋料理，
特色為煎成平底鍋形狀的厚圓形。

材料（直徑約 **20cm** 的平底鍋／ **2 ～ 3** 人份）

蛋 ································· 4 顆
馬鈴薯 ············· 2 個（300g）
洋蔥 ····························· ¼ 個
培根 ················· 4 片（80g）
橄欖油 ························· 2 大匙
鹽 ····························· ⅓ 小匙

🗑 1 人份為 350kcal
🕐 調理時間為 20 分鐘 *

* 不含馬鈴薯放涼的時間。

❶ 事前處理

馬鈴薯切成約 2cm 的塊狀，泡水後瀝乾，放進耐熱器皿中，鬆鬆地蓋上保鮮膜，用微波爐（600W）加熱約 3 分鐘，取出放涼。培根切成 1cm 寬，洋蔥沿著纖維方向切成薄片。將蛋打進調理盆中，確實攪散（約 40 ～ 50 次／參考 P.62）。

❷ 炒配料

將橄欖油放入稍小的平底鍋中，以中火加熱，將❶的馬鈴薯加進去約炒 4 分鐘，撒上鹽，再放進培根和洋蔥，續炒約 3 分鐘。

❸ 倒進蛋液再煎

將蛋液高高地以畫圓方式一口氣倒進鍋中，待邊緣部分凝固後，用木匙大大翻炒約 10 次。
將平底鍋拿離火源，放在濕布上，用木匙從鍋邊將食材稍微撥到中間，整理形狀後，再次以中火加熱，約煎 1 分鐘。

❹ 翻面後完成

熄火，戴著隔熱手套蓋上一個比平底鍋小一圈的盤子（上圖），連同平底鍋一起上下翻面，將烘蛋倒進盤中（中圖）。再讓烘蛋從盤中滑入平底鍋中（下圖），以 小 火 加 熱，煎 2 ～ 3 分鐘並整理形狀。用竹籤刺，如果沒有蛋液就表示煎好了。取出，盛盤，切成容易入口的大小。

【玉子燒】

這是經典的煎蛋。在蛋中放進高湯就不會太甜，
可以吃到柔嫩的口感與溫和的美味。

材料（2 人份）

蛋	4 顆	蘿蔔（泥）	適量
		醬油	適量

A 高湯 ⋯⋯⋯⋯ 3 大匙
　（參考 P.98）
　醬油 * ⋯⋯⋯⋯ 1 小匙
　味醂 ⋯⋯⋯⋯ 2 小匙
沙拉油 ⋯⋯⋯⋯⋯⋯ 適量
青紫蘇 ⋯⋯⋯⋯⋯⋯ 2 片

🗑 1 人份為 190kcal
🕐 調理時間為 15 分鐘 **

* 可以的話，請用薄鹽醬油。
** 不含放涼的時間。

❶ 調製蛋液

將蛋打進調理盆中，充分攪散（約 30 次／參考 P.62），再放進 A，拌勻。

❷ 開始煎

平底鍋中放入沙拉油，用廚房紙巾薄塗開來，以中火加熱，然後拿離火源墊在濕布上。用湯杓舀起 1 杓蛋液，均勻地倒進鍋中。再次以中火加熱，約煎 10 秒鐘，待邊緣凝固，再從邊緣往自己這邊捲上來。然後挪到對面，空出來的地方再用廚房紙巾薄塗一層沙拉油。

❸ 邊捲邊煎

再次將平底鍋拿離火源，放在濕布上，再用湯杓舀起 1 杓蛋液倒進鍋中，依照❷的方法邊煎邊捲。重複這種方式直到蛋液用完為止，表面要煎得有一點點焦。

❹ 完成

鋪開鋁箔紙，趁熱將❸放上去，迅速包起來並整理形狀。待稍微放涼後，切成容易入口的大小。盤中鋪上青紫蘇，放上蛋捲，旁邊再放蘿蔔泥。將醬油淋在蘿蔔泥上。

【滑蛋荷蘭豆】

用蛋將大量的荷蘭豆輕飄飄地包起來。
魅力在於吸飽湯汁的蛋非常滑順爽口。

材料（2 人份）

蛋⋯⋯⋯⋯⋯⋯⋯⋯⋯⋯⋯ 2 顆
荷蘭豆⋯⋯⋯⋯⋯⋯⋯⋯⋯100g
高湯⋯⋯⋯ 1 杯（參考 P.98）

A
- 味醂⋯⋯⋯⋯⋯⋯⋯⋯ 2 大匙
- 鹽⋯⋯⋯⋯⋯⋯⋯⋯⋯ ½ 小匙
- 醬油⋯⋯⋯⋯⋯⋯⋯⋯ 少許

🗑 1 人份為 140kcal
🕐 調理時間為 15 分鐘 *

* 不含荷蘭豆泡水的時間。

❶ 事前處理
荷蘭豆泡冷水 20 分鐘變脆，去掉蒂和絲。將蛋打進調理盆中，輕輕攪散（約 10 次／參考 P.62）

❷ 煮
將高湯、A 放進稍小的平底鍋（或湯鍋）中，煮沸後放進荷蘭豆，約煮 2 分鐘。

❸ 用蛋來勾芡

將 ½ 量的蛋液（約 1 湯杓）從中央以畫小圈圈的方式倒進去，煮 20 ～ 30 秒。再將剩餘的蛋液以畫圈的方式均勻地倒進去，邊搖平底鍋邊將蛋煮至半熟狀態為止。

材料（容易製作的分量）

水煮蛋 *⋯⋯⋯⋯⋯⋯3 ～ 4 顆
醃汁
- 蔥⋯⋯⋯⋯⋯⋯⋯⋯⋯⋯ ¼ 根
- 薑⋯⋯⋯⋯⋯⋯⋯⋯⋯⋯ ½ 瓣
- 筍乾（已調味）⋯⋯⋯ 25g
- 醬油⋯⋯⋯⋯⋯⋯⋯⋯ 1 大匙
- 蠔油⋯⋯⋯⋯⋯⋯⋯⋯ ½ 大匙
- 砂糖⋯⋯⋯⋯⋯⋯⋯⋯ ½ 大匙
- 芝麻油⋯⋯⋯⋯⋯⋯⋯ ½ 小匙
- 胡椒⋯⋯⋯⋯⋯⋯⋯⋯ ¼ 小匙
- 水⋯⋯⋯⋯⋯⋯⋯⋯⋯⋯ ½ 杯

🗑 總共為 310kcal
🕐 調理時間為 10 分鐘 **

* 水煮 8 分鐘（參考 P.86）。
** 不含醃汁放涼、入味的時間。

❶ 事前處理
將蔥縱向對切後，再斜切成薄片。生薑刮皮後切成細絲。筍乾若太厚則縱切成 2 ～ 3 等分。

❷ 調製醃汁
將醃汁的材料放進稍小的鍋中，以中火加熱。煮沸後熄火，放涼。

❸ 醃漬
將醃汁和去殼的水煮蛋放進夾鍊袋中，擠掉空氣，將開口確實封住。放進冰箱冷藏 6 小時以上入味。

保存
放進冰箱冷藏，請在 1 週內食用完畢。

【溏心蛋】

放在拉麵上的調味蛋，可說老少咸宜。
這個食譜很簡單，只要將蛋放進內含蔥、生薑、筍乾的醃汁裡就行了。

蔬菜的人氣食譜

以下要介紹的料理，從簡單的沙拉、脆脆的熱炒、保留原汁原味的燉煮，到可以做起來存放的漬物等，都是派得上用場且令人驚喜的蔬菜食譜。

【馬鈴薯沙拉】

用少許材料就能完成的簡易馬鈴薯沙拉。
洋蔥的風味與火腿的美味，完全襯托出馬鈴薯溫和的好滋味。

材料（2～3 人份）

馬鈴薯⋯⋯⋯⋯3 個（450g）	洋蔥（小）⋯⋯⋯⋯ ½ 個	
	鹽⋯⋯⋯⋯⋯⋯ ¼ 小匙	
沙拉醬	火腿⋯⋯⋯⋯⋯⋯ 2 片	
醋⋯⋯⋯⋯1 大匙	美乃滋⋯⋯⋯⋯ 6 大匙	
鹽⋯⋯⋯ ¼ 小匙		
胡椒⋯⋯⋯少許		
橄欖油⋯⋯1 大匙		

🗑 1 人份為 320kcal
🕐 調理時間為 30 分鐘 *

* 不含馬鈴薯泡水、放涼、洋蔥撒滿鹽的時間。

❶ 水煮馬鈴薯

馬鈴薯去皮，切成約 3cm 的塊狀，泡在水中約 5 分鐘後瀝乾。將馬鈴薯放進鍋中，倒進剛好可以淹沒馬鈴薯的水量，以中火加熱。煮沸後轉成小火，蓋上鍋蓋煮 12～15 分鐘，煮到用竹籤刺，可以一下刺穿為止。

❷ 煮到表面變得粉狀後，調味

熄火，將鍋子傾斜把水倒掉。再次以中火加熱 1～2 分鐘，待殘留的水分煮沸後熄火，搖動鍋子。如此重複

2～3 次，讓馬鈴薯的表面出現粉狀。放進調理盆中，將沙拉醬的材料混合好倒入，拌勻後放涼。

❸ 配料的事前處理

洋蔥沿著纖維方向切成薄片，放進另一個調理盆中，撒上鹽攪拌，靜置約 10 分鐘。火腿切成 1cm 的正方形。

❹ 涼拌

將洋蔥的水分輕輕擠乾，放進❷的調理盆中，再放進火腿、美乃滋稍微拌一下。

【水菜魩仔魚沙拉】

這是一道熱沙拉，做法是將魩仔魚炒到酥酥脆脆後，連同油一起澆在水菜上。拌勻後水菜變軟，口感新穎！

材料（2 人份）

水菜		100g
魩仔魚		⅓ 杯
芝麻油		2 大匙
A	醋	1 大匙
	醬油	1 大匙
	胡椒	少許
白芝麻		1 大匙

🗑 1 人份為 180kcal
🕐 調理時間為 10 分鐘 *

* 不含水菜浸泡冷水的時間。

❶ 事前處理

切掉水菜的根部，再切成 6～7cm 長，然後泡在冷水中約 20 分鐘變脆。用濾網撈起水菜瀝乾，再用廚房紙巾輕輕吸乾水分後，放進稍大的調理盆中。

❷ 炒魩仔魚

將芝麻油放入稍小的平底鍋中，以中火加熱 1～2 分鐘，放進魩仔魚，用木匙翻炒到呈現金黃色且變酥脆為止。如果魩仔魚是濕軟的就以中火炒，如果是乾硬的就以小火炒，但都不能炒焦。

❸ 混合

將❷連同芝麻油一起倒進❶的調理盆中，用湯匙和長筷子從底部迅速翻拌上來。放進 A，整體拌勻。盛盤，撒上芝麻。

材料（2 人份）

牛蒡		1 根（150g）
胡蘿蔔		30g
預先調味		
	醬油	1 大匙
	砂糖	1 小匙
	芝麻油	1 小匙
美乃滋		3～4 大匙
芝麻粉（白）		1 大匙
七味粉		少許

🗑 1 人份為 230kcal
🕐 調理時間為 15 分鐘 *

* 不含牛蒡泡水、將水煮沸、放涼的時間。

❶ 事前處理

牛蒡洗淨後刮皮，切成稍粗的絲狀，泡水約 5 分鐘後瀝乾。胡蘿蔔洗淨，帶皮切成稍粗的絲狀。

❷ 水煮後預先調味

鍋中放進 5 杯水煮沸，再放進胡蘿蔔約煮 1 分鐘，取出放在濾網裡備用。將牛蒡繼續放進熱水中約煮 2 分鐘，用濾網撈出來瀝乾，放進調理盆中。將預先調味用的材料混合好，趁熱放進去並拌勻，放涼。

❸ 混合

將水煮好的備用胡蘿蔔放入❷中攪拌，再放進美乃滋、芝麻粉拌勻。盛盤，撒上七味粉即可。

【牛蒡沙拉】

這是牛蒡的香氣與口感皆能獲得滿足的一道沙拉。味道甜甜鹹鹹的，再搭上美乃滋的滑順滋味，超讚！

【苦瓜炒豬肉】

苦瓜泡水後，只會留下剛剛好的苦味。
豬五花肉的濃郁和味噌的滋味合而為一，非常下飯！

材料（2 人份）
苦瓜⋯⋯⋯⋯⋯1 條（250g）
豬五花肉（薄片）⋯⋯⋯200g
A ┌ 味噌⋯⋯⋯⋯⋯⋯2 大匙
  │ 酒⋯⋯⋯⋯⋯⋯⋯1 大匙
  │ 砂糖⋯⋯⋯⋯⋯⋯1 小匙
  └ 醬油⋯⋯⋯⋯⋯⋯1 小匙
芝麻油⋯⋯⋯⋯⋯⋯½ 大匙
鹽 ⋯⋯⋯⋯⋯⋯⋯⋯少許

🗑 1 人份為 480kcal
🕐 調理時間為 15 分鐘 *

* 不含苦瓜泡水的時間。

❶ 事前處理
苦瓜縱向對切後，去掉裡面的白膜和種籽，從邊緣開始切成 8mm 寬，再泡水約 20 分鐘後瀝乾。豬肉切成 5cm 寬。將 A 的材料混合好。

❷ 炒
平底鍋中放入芝麻油，以中火加熱，放進豬五花肉，攤開靜置 1～2 分鐘，待肉的邊緣變色後，集中到鍋子中間，四周放進苦瓜。整體均勻地撒上鹽，用木匙輕壓苦瓜約 2 分鐘，上下翻面，在鍋子中央撥出空隙，倒進 A，翻炒 2～3 分鐘即可。

【小松菜炒香腸】

三兩下就可以搞定的美味快炒。
盛盤將小松菜的葉子放在上面，看起來更好吃。

材料（2人份）

小松菜⋯⋯⋯⋯⋯⋯⋯⋯200g
香腸⋯⋯⋯⋯⋯⋯4根（90g）
沙拉油⋯⋯⋯⋯⋯⋯⋯2小匙
鹽、胡椒⋯⋯⋯⋯⋯各少許

🗑 1人份為200kcal
🕐 調理時間為10分鐘

❶ 事前處理

稍微切掉小松菜的根部，再切成5cm長。根部太粗的部分就縱向對切，並且把葉和莖分開放。香腸斜切成7～8mm的薄片。

❷ 炒

平底鍋中倒進沙拉油，以中火加熱，放進香腸快炒。在鍋子中央撥出空隙，放進小松菜的莖，再放進葉子。用木匙輕壓，約加熱1分鐘後上下翻炒約30秒。

❸ 調味

轉成大火，邊炒約30秒邊收汁，變軟後撒上鹽和胡椒拌勻。

材料（2人份）

牛蒡⋯⋯⋯⋯⋯⋯1根（150g）
培根⋯⋯⋯⋯⋯⋯2片（40g）
A ┌ 味醂⋯⋯⋯⋯⋯⋯⋯1大匙
　 └ 醬油⋯⋯⋯⋯⋯⋯⋯2小匙
芝麻油⋯⋯⋯⋯⋯⋯⋯1大匙
黑胡椒（粗粒）⋯⋯⋯⋯少許

🗑 1人份為210kcal
🕐 調理時間為15分鐘

❶ 事前處理

牛蒡洗淨後去皮，用刮皮刀削成約15cm長的帶狀，泡水約5分鐘後瀝掉水分，再用廚房紙巾擦乾。培根切成1cm寬。將A的材料混合好。

❷ 炒

平底鍋中放入芝麻油，以中火加熱，放進培根，攤開靜置1分鐘。再放進牛蒡，攤開，再靜置約1分鐘後翻炒1～2分鐘。

❸ 調味

暫時熄火，將A以畫圓方式倒進去，再次以中火加熱，邊翻炒至收汁為止。撒上黑胡椒後拌勻。

【培根拌炒牛蒡絲】

培根濃郁的滋味和牛蒡是絕配。
黑胡椒的辛辣更加凸顯出整體美味。

【魚香茄子】

祕訣在於用稍多的油慢慢煎炸茄子，再用香料蔬菜和絞肉熬煮醬料，
裹上茄子便大功告成了！

材料（2 人份）

茄子	3 條
豬絞肉	100g
薑	½ 瓣
蔥	½ 根
豆瓣醬	1 小匙
味噌	2 大匙

A
醬油	1 大匙
酒	1 大匙
砂糖	1 大匙
水	½ 杯

太白粉水
太白粉	2 小匙
水	1⅓ 大匙
沙拉油	4 ～ 5 大匙
芝麻油	1 小匙
花椒粉	適量

🗑 1 人份為 420kcal
🕐 調理時間為 20 分鐘

❶ 事前處理

生薑切成碎末，蔥切成 2 ～ 3mm 寬的
蔥花。分別將 A、太白粉水混合好。茄
子去蒂後斜切。

❷ 煎炸茄子

平底鍋中放進 4 大
匙沙拉油，以中火
加熱 2 ～ 3 分鐘，
將茄子切口朝下排
進鍋中，邊翻面邊
煎炸 4 ～ 5 分鐘。
熄火，取出放在鋪上廚房紙巾的平底方
盤中。

❸ 炒後再煮

如果平底鍋中的油變少了，就再加進約
1 大匙的沙拉油，以中火加熱，輕炒薑
末，再放進豆瓣醬和味噌一起炒。待香
氣出來後，放進絞肉翻炒開來。肉炒熟
後放進蔥花，快速攪拌。將 A 以畫圓
方式倒進去，煮沸後不時搖晃平底鍋約
煮 2 分鐘。

❹ 完成

以畫圓方式倒進太
白粉水，攪拌到呈
濃稠狀態。再將❷
的茄子放回鍋中，
上下翻炒，撒上芝
麻油和花椒粉後拌
勻。

【西洋芹煮油豆腐皮】

帶點微甜的淡淡鹹味，將西洋芹的清香凸顯出來。
再放進油豆腐皮，就是一道色香味俱全的佳餚了！

材料（2 人份）
西洋芹.............................2 根
油豆腐皮..........1 片（30g）
醬汁
┌ 味醂.........................2 大匙
├ 鹽.............................½ 小匙
└ 水.................................1 杯

🗑 1 人份為 120kcal
🕐 調理時間為 30 分鐘

❶ 事前處理
削去西洋芹的纖維，將莖的部分切成 6cm 長、1cm 寬的條狀，葉子部分撕成容易入口的大小。將油豆腐皮放在溫水中揉洗（參考 P.59），擠乾水分後縱向對切，再切成 2cm 寬。

❷ 煮
將醬汁的材料放進稍小的平底鍋中，以中火加熱，煮沸後放進西洋芹的莖和油豆腐皮，以小火約煮 20 分鐘。最後放進葉子，快速混拌。

【南瓜煮】

富含醬汁又鬆軟的南瓜，是媽媽的味道。
將南瓜排進稍小的平底鍋中，不要留空隙，這樣就不容易煮到變形了。

材料（2 人份）
南瓜.............................400g
醬汁
┌ 味醂.........................3 大匙
├ 醬油.........................1 大匙
├ 鹽.............................少許
└ 水.................................½ 杯

🗑 1 人份為 210kcal
🕐 調理時間為 20 分鐘

❶ 切南瓜
去除南瓜的種籽和內膜，切成 4～5cm 的塊狀。用削皮器大致去皮。

❷ 煮
將醬汁的材料放進稍小的平底鍋中，以中火加熱，煮沸後，將南瓜皮朝下排進鍋中，再次煮沸後轉成小火，放上打濕的廚房紙巾，再蓋上鍋蓋煮 10～12 分鐘。用竹籤刺，若一下就刺穿，立即熄火。

【煎漬蔬菜】

做法超簡單，先用芝麻油將蔬菜煎得香噴噴，
再泡進加了柴魚片的醃汁裡！
日式風味就會一點一點滲進蔬菜！

材料（2～3 人份）
胡蘿蔔············ ½ 根（80g）
蓮藕············· 1 節（100g）
綠蘆筍························ 4 根
芝麻油······················ 1 大匙
醃汁
┌ 柴魚片···1 杯（6～7g）
│ 味醂······················· ¼ 杯
│ 醬油······················ 2 大匙
│ 醋························· 1 大匙
└ 水························· ¼ 杯

🗑 1 人份為 110kcal
🕐 調理時間為 15 分鐘 *

* 不含入味的時間。

❶ 事前處理
將胡蘿蔔和蓮藕洗淨，帶皮
切成 8mm 厚的圓片。蘆筍
的根部稍微切掉一點，用削
皮器削掉下半部的皮，然後
將長度對半切。

❷ 調製醃汁
將醃汁的材料放進平底方盤
中，混合。

❸ 煎後醃漬
平底鍋中放進芝麻油，以中
火加熱，將❶的蔬菜排進
去，約煎 4 分鐘，再翻面續
煎 4 分鐘，取出，趁熱放進
❷的醃汁中，放涼並入味。

【泡菜風味高麗菜】

加醋蒸煮，就能呈現出泡菜的深邃風味了。

材料（容易烹煮的分量）
高麗菜···4～5 片（300g）
蒜··························· 1 瓣
橄欖油···················· 2 大匙
┌ 醋························ 2 大匙
│ 砂糖····················· 1 大匙
A│ 鹽······················· ½ 小匙
└ 水························· ¼ 杯

🗑 總共為 290kcal
🕐 調理時間為 15 分鐘 *

* 不含放涼的時間。

保存
裝進密封容器，放進冰箱冷
藏。請在 1 週內食用完畢。

❶ 事前處理
高麗菜切成 1cm 寬，大蒜縱
切成 4 等分，去芯。將 A 的
材料混合好。

❷ 炒
鍋中放入橄欖油和大蒜，以
中火加熱。待香氣散出後，
放進高麗菜，上下翻炒約 2
分鐘。

❸ 蒸煮
再倒入 A，上下翻炒。蓋
上鍋蓋，以小火煮約 10 分
鐘。裝進調理盆中放涼。也
可以放進冰箱冷藏。

【醃小黃瓜】

清爽的酸味與鮮甜，永遠吃不膩。
很適合作為小菜。

材料（容易烹煮的分量）

小黃瓜 ……………………… 3 條
鹽 …………………………… 3 小匙
醃漬醬汁
┌ 醋、水 …………… 各 ½ 杯
│ 砂糖 …………………… 4 大匙
│ 鹽 ……………………… 1 小匙
│ 黑胡椒（粗粒）…… ½ 小匙
└ 紅辣椒 ………………… 1 根

🗑 總共為 130kcal
🕐 調理時間為 7 分鐘 *

* 不含將水煮沸、入味的時間。

保存
放涼後，裝進密封容器中，
蓋好放進冰箱冷藏。請在 10
天內食用完畢。

❶ 事前處理
小黃瓜搓鹽（參考 P.28），
用水清洗一下，再用廚房紙
巾擦乾水分，切成 2cm 寬。
將醃漬醬汁的材料裝進密封
容器中混合好。

❷ 水煮小黃瓜
鍋中放進 3 杯水，以大火加
熱。煮沸後轉成中火，放進
小黃瓜約煮 2 分鐘，用濾網
撈起瀝乾。

❸ 浸泡在醃漬醬汁中
將❷趁熱泡在醃漬醬汁中，
靜置 3 小時以上入味。

【胡蘿蔔咖哩泡菜】

只要泡在煮好的醃漬液裡就 OK 了。
這款泡菜口感很脆，而且辣辣的，很夠味。

材料（容易烹煮的分量）
胡蘿蔔 ………… 1 根（200g）
醃漬醬汁
┌ 醋 …………………… ½ 杯
│ 砂糖 ………………… 3 大匙
│ 鹽 …………………… 1 小匙
│ 咖哩粉 ……………… 1 小匙
└ 水 …………………… ½ 杯

🗑 總共為 230kcal
🕐 調理時間為 5 分鐘 *

* 不含入味的時間。

保存
裝進密封容器，再放進冰箱
冷藏。請在 1 週內食用完畢。

❶ 切胡蘿蔔
胡蘿蔔洗淨，帶皮將長度對
半後，再切成 1cm 粗的條
狀。

❷ 浸泡在醃漬醬汁中
鍋中放進醃漬醬汁的材料，
以中火加熱，煮沸後再續煮
約 1 分鐘。放進 ❶ 的胡蘿
蔔，約煮 30 秒後熄火，連
同醬汁放進密封容器中，靜
置 3 小時以上入味。

乾貨的人氣食譜

先讓乾貨恢復到適當的軟度後，再讓味道慢慢滲透進去。請學會這些滋味深邃、百吃不厭的經典食譜吧！

【冬粉沙拉】

讓冬粉保留一點咬勁，釋出黏性；讓切絲的蔬菜裹上鹽水而軟得恰到好處。
這款沙拉的味道調得酸酸甜甜，非常開胃。

材料（2 人份）

冬粉（乾）……… 70g	蟹肉棒…………………… 2 根
紅葉萵苣………… 2 片	中華風沙拉醬
小黃瓜…………… 1 條	┌ 醋…………………… 2 大匙
胡蘿蔔… ¼ 根（35g）	│ 醬油………………… 2 大匙
鹽水	│ 砂糖………………… 1 小匙
┌ 鹽………… ½ 小匙	│ 豆瓣醬……………… ½ 小匙
└ 水………… 3 大匙	└ 芝麻油…………… 2 大匙

🗑 1 人份為 280kcal
🕐 調理時間為 10 分鐘 *

* 不含紅葉萵苣泡水、蔬菜浸泡鹽水、將水煮沸的時間。

❶ 蔬菜的事前處理
紅葉萵苣撕成容易入口的大小，浸泡冷水約 20 分鐘變脆。小黃瓜和胡蘿蔔都切絲，然後放進調理盆中，再以畫圓方式倒進鹽水，拌勻後靜置約 10 分鐘。

❷ 冬粉的事前處理
鍋中倒入 5 杯水，煮沸後放進冬粉，以中火約煮 1 分鐘。取出泡在冷水中，再用濾網撈起瀝掉水分，用廚房紙巾擦乾。太長的話，可用廚房剪刀剪成容易入口的長度。

❸ 預先調味
中華風沙拉醬的材料混合好。將❷的冬粉放進調理盆中，再放進 ½ 量的沙拉醬，用手揉勻。

❹ 涼拌
將❶的紅葉萵苣瀝乾，小黃瓜和胡蘿蔔的水分擠乾。撕開蟹肉棒。將這些食材放進❸的調理盆中，再加入其餘的沙拉醬，用手揉勻即可。

材料（2 人份）
羊栖菜（乾）*……………20g
油豆腐皮………………… 1 片
胡蘿蔔………… ⅓ 根（50g）
芝麻油………………… 1 大匙
A ┌ 味醂………………… 3 大匙
　│ 醬油………………… 2 大匙
　└ 水……………………⅔ 杯

🗑 1 人份為 150kcal
🕐 調理時間為 40 分鐘 **

*芽羊栖菜。長度過長的話，泡水
 30 分鐘，再切成容易入口的長
 度。
**不含羊栖菜泡水的時間。

❶ 羊栖菜泡水
快速將羊栖菜洗一下後瀝
乾，然後泡進 2 杯水中，靜
置約 20 分鐘變軟，再用濾
網撈起，用廚房紙巾擦乾水
分（參考 P.61）。

❷ 其他食材的事前處理
將油豆腐皮放進溫水中揉洗
（參考 P.59）後擠乾水分。
縱向對切，再切成 1cm 寬。
胡蘿蔔洗淨後帶皮切絲。將
A 的材料混合好。

❸ 先炒再煮
鍋中放進芝麻油，以中火加
熱，放進胡蘿蔔約炒 1 分
鐘。再放進羊栖菜、油豆腐
皮續炒，待全部裹上油之
後，加入 A。煮沸後蓋上打
濕的廚房紙巾，再蓋上鍋
蓋，以 小 火 煮 15 ～ 20 分
鐘。拿開鍋蓋，以稍強的中
火約煮 5 分鐘收汁。

【煮羊栖菜】

將柔軟的羊栖菜調味成甜甜鹹鹹的，
再利用油豆腐皮的濃郁來提升美味，
真是一道簡單又滋味深邃的好菜。

【醬漬蘿蔔乾絲拌蔬菜】

清爽的醬醋風味完全滲入蘿蔔乾絲中。
隨醃隨吃，西洋芹的香氣讓這道菜彷彿是清爽的沙拉。

材料（2 人份）
蘿蔔乾絲（乾）…………40g
西洋芹………… 1 根（100g）
紅椒…………… ½ 個（80g）
紅辣椒…………………… 1 根
醃汁
┌ 醋……………………… ¼ 杯
│ 醬油………………… 2 大匙
│ 味醂………………… 1 大匙
└ 水……………………… ¼ 杯

🗑 1 人份為 120kcal
🕐 調理時間為 10 分鐘 *

*不含放進冰箱冷藏的時間。

❶ 清洗蘿蔔乾絲
蘿蔔乾絲快速洗淨瀝乾，放
進調理盆，再倒進 1 杯水揉
洗。待冒泡後擠乾水分，如
此重複 2 次（參考 P.60）。

❷ 切其他的材料
將西洋芹葉和莖的部分切開
來，莖的部分去掉纖維後斜
切成薄片，葉的部分則以滾
刀切法切成 2 ～ 3cm 寬。紅
椒去掉蒂和種籽後，斜切成
4 ～ 5mm 寬。紅辣椒去籽。

❸ 醃漬
將醃汁的材料放進調理盆中
攪拌，然後放進蘿蔔乾絲，
充分攪開拌勻，再放進❷繼
續攪拌。放入冰箱冷藏約 1
小時入味。

飯的人氣食譜

挑戰飯類料理吧！不論是放上很多配料的炊飯、粒粒分明的炒飯、賞心悅目的壽司，只要學會，一生受用無窮。

【雞肉鴻喜菇炊飯】

雞肉的美味一點一點滲入飯中，
再加上鴻喜菇的香氣與胡蘿蔔的鮮豔，讓人口水直流。

材料（2～3人份）

米 ·················· 360ml（2 合）
雞腿肉 ························· 200g
鴻喜菇 ························· 100g
胡蘿蔔 ··········· ⅓ 根（50g）
醬油 ····························· 2 大匙

A ┌ 水 ····· 1½ 杯（300ml）
  │ 鹽 ······················· ⅓ 小匙
  └ 醬油 ····················· 1 大匙

青海苔粉 ························· 適量

🗑 1 人份為 520kcal
🕐 調理時間為 10 分鐘 *

* 不含把米瀝乾、炊飯的時間。

❶ 事前處理

在炊飯前 30 分鐘洗米，用濾網瀝乾（參考 P.94）。切掉鴻喜菇的蒂頭，分成小朵。胡蘿蔔洗淨，帶皮切成 5mm 寬的扇形。雞肉去掉多餘的脂肪後，切成 3cm 的塊狀。

❷ 配料的預先調味

將雞肉、鴻喜菇、胡蘿蔔放進調理盆中，加入醬油拌勻。

❸ 炊飯

將米放進電鍋的內鍋中，再倒進混合好的 A。將表面弄平，將❷連同調味料一起倒入鍋中，攤開，依一般的煮飯方式炊煮。煮好後輕快地攪拌，盛盤，再撒上青海苔粉。

【火腿蛋炒飯】

粒粒分明的炒飯中，有火腿和香菇的美味，
還有韭菜的獨特風味，滋味深邃。
將飯事先和蛋混合好，是炒得粒粒分明的訣竅。

材料（2 人份）

飯 *	400g
火腿	6 片
新鮮香菇	4 朵（60g）
韭菜	50g
蛋	2 顆
鹽	適量
芝麻油	適量
蠔油	2 小匙
胡椒	少許

🗑 1 人份為 630kcal

🕐 調理時間為 15 分鐘

* 冷飯、熱飯皆可。

❶ 事前處理

火腿切成 1.5cm 的四方形，香菇去蒂
後切成薄片，韭菜切成 2cm 長。將蛋
打進調理盆中，充分攪散（約 30 次／
參考 P.62）。將飯
放進另一個調理盆
中，加入蛋液、2
小撮鹽，以木匙將
飯充分攪拌到呈金
黃色為止。

❷ 炒

平底鍋中放進 2 大
匙的芝麻油，以中
火加熱，放進香菇
攤開，然後靜置 1
分鐘，再翻炒約 1
分鐘。平底鍋的中
央撥出空隙，將❶的飯放進去，垂直拿
著木匙，用切的方式將飯攤開，不要
攪爛，然後靜置約 1 分鐘。用木匙翻
炒，再用切的方式攪拌約 3 分鐘，放
進火腿、韭菜，翻炒到飯粒粒分明、蛋
不沾鍋底為止。

❸ 完成

撒上 ½ 小匙的鹽。在平底鍋中央撥出
空隙，倒進蠔油，約炒 1 分鐘。撒上
胡椒，以畫圓的方式淋上一點點芝麻
油。轉成大火，快速翻炒到出現香氣和
光澤即可。

【細卷壽司】

利用保鮮膜來製作「小黃瓜卷壽司」和「鐵火卷壽司」。
內餡則使用鮪魚，好吃又不貴！

材料（2～3人份）

米……360ml（2合）	小黃瓜…………………1條
水…1¾杯（350ml）	鹽……………………1小匙
沙拉油………½小匙	鮪魚…………………100g
壽司醋	（生魚片用／切大塊）
┌ 醋……………3大匙	烤海苔（整片）……4片
│ 砂糖…………1大匙	山葵…………………適量
└ 鹽……………1小匙	

🗑 1人份為430kcal
⏱ 調理時間為20分鐘*

*不含把米瀝乾、炊飯、將壽司飯放涼的時間。

❶ 炊飯

在炊飯前30分鐘洗米，用濾網瀝乾後，放進電鍋的內鍋中，加入材料中的水量和沙拉油，攪拌，用一般的方式炊煮（參考P.94～95）。

❷ 製作壽司飯

將壽司醋的材料混合好。飯煮好後放進稍大的調理盆中，以畫圓的方式倒進壽司醋，再用飯匙以切進去的方式攪拌並攤開，蓋上打濕的廚房紙巾，用保鮮膜鬆鬆地包住，放涼至人的體溫（參考P.95）。

❸ 配料的事前處理

小黃瓜搓鹽（參考P.28），快速清洗後用廚房紙巾擦乾水分，縱向切成4等分。鮪魚切成約1cm的小丁狀。將海苔的長邊對半切開。

❹ 捲

攤開保鮮膜，中央放上一片海苔，再放上⅛量的壽司飯，均勻攤開，海苔邊緣留下1cm空隙。中央塗上山葵，放上¼量的鮪魚（或是切開的小黃瓜條）（上圖）。連同保鮮膜從靠近自己這側開始捲（下圖）。其

他食材也以同樣方式捲好。連同保鮮膜切成容易入口的長度，然後拿掉保鮮膜，盛盤。

【鮭魚卷壽司】

將煙燻鮭魚斜斜排開，再用保鮮膜捲起來，
一道美觀又正統的卷壽司就大功告成了！

材料（2～3 人份）

米……………360ml（2 合）
水………1¾ 杯（350ml）
沙拉油……………½ 小匙
壽司醋
　　醋……………3 大匙
　　砂糖……………1 大匙
　　鹽……………1 小匙
煙燻鮭魚……………16 片

青紫蘇……………10 片
檸檬……………適量

🍱 1 人份為 470kcal
🕐 調理時間為 20 分鐘 *

* 不含把米瀝乾、炊飯、將壽司飯
放涼的時間。

❶ 製作壽司飯

同「細卷壽司」（參考 P.140）的❶、
❷步驟，然後分成 4 等分。

❷ 配料的事前處理

將青紫蘇疊在一起，橫放，將莖切掉，
捲起來，從邊緣開始切成細絲。

❸ 捲

將保鮮膜攤成橫長
狀，中央放 8 片煙
燻鮭魚，放的時候
稍微重疊、斜斜並
排。將 ¼ 量的壽
司飯呈橫長狀地放
上去，再放上 ½
量的青紫蘇（上
圖）。然後再放上
¼ 量的壽司飯，
拿起自己這端的保
鮮膜開始捲（下
圖）。放在鋁箔紙上包起來，整理成長
條狀。其他食材也以同樣方式捲好。連
同鋁箔紙切成容易入口的寬度，再拿掉
鋁箔紙和保鮮膜，盛盤，旁邊再點綴切
成月牙形的檸檬。

141

麵的人氣食譜

這裡推薦幾道非常簡單樸實的家庭麵類食譜。只要掌握好煮麵時間與調味要訣，就能吃得津津有味。很適合當成午餐或下酒菜。

【義大利香辣麵】

用大蒜、橄欖油、紅辣椒烹製的簡單義大利麵。
要將壓碎的大蒜確實地炒得香噴噴才行。

材料（2 人份）

義大利麵	160g
蒜	3～4 瓣
橄欖油	4 大匙
乾辣椒	2 根
鹽	適量
巴西里（切碎）	1～2 大匙

🗑 1 人份為 540kcal
🕐 調理時間為 20 分鐘 *

* 不含將水煮沸的時間。

❶ 事前處理

大蒜用木匙壓碎，去芯。乾辣椒泡水約 5 分鐘變軟，然後瀝乾，去掉種籽，撕碎。

❷ 煮

鍋中放約 2 公升的水，煮沸後轉成中火，放進 1 大匙又多一點的鹽（約為水量的 1%），再放進義大利麵。煮的時間比包裝上標示的時間再少 2 分鐘。

❸ 炒

平底鍋中放進❶的大蒜和橄欖油，以中火加熱慢炒，待大蒜呈金黃色後熄火，放進乾辣椒、稍少於 ½ 小匙的鹽、巴西里。在大蒜快要燒焦時，加進 3～4 大匙煮義大利麵的水。

❹ 混合

用夾子將煮好的義大利麵挾到❸的平底鍋中，再次以中火加熱。用夾子邊攪拌邊煮 20～30 秒鐘，到完全裹上醬汁即可。

【奶油培根義大利麵】

用蛋黃和鮮奶油做成的正統義大利麵。
先將蛋黃和義大利麵放進調理盆中混合好，是吃起來柔順爽口的要訣。

材料（2 人份）

義大利麵·····················160g
培根···············4 片（80g）
蒜·································1 瓣
黑胡椒（粒）···············少許

A ┌ 蛋黃 * ···················3 顆
  │ 鮮奶油·····················½ 杯
  └ 起司粉·······3 〜 4 大匙
鹽·································適量
橄欖油·························1 大匙

🍲 1 人份為 870kcal
🕐 調理時間為 15 分鐘 **

* 留下來的蛋白可以用在味噌湯等湯品裡。

** 不含將水煮沸的時間。

❶ 事前處理

培根切成 2cm 寬。大蒜用木匙壓碎，去芯。黑胡椒用廚房紙巾包住，然後用湯匙壓碎。將 A 放進稍大的調理盆中混合好。

❷ 煮

鍋中放約 2 公升的水，煮沸後轉成中火，放進 1 大匙又多一點的鹽（約為水量的 1%），再放進義大利麵。煮的時間比包裝上標示的時間再少 2 分鐘。

❸ 炒

平底鍋中放進橄欖油、大蒜和培根，以中火加熱，約炒 5 分鐘到培根變酥脆後熄火。義大利麵煮好後，用夾子挾進平底鍋中，以中火加熱，炒 20 〜 30 秒。

❹ 混合

將❸連同油倒進❶的調理盆中，快速拌勻。盛盤，撒上黑胡椒及鹽。

143

【醬汁炒麵】

配料只有簡單的豬肉、高麗菜和洋蔥，卻有種令人懷念的經典滋味。
只要依正確步驟來炒，配料和麵都會好吃到爆！

材料（2 人份）

油麵（蒸）……………300g	沙拉油………………1 大匙
醬油………………1 大匙	紅薑…………………適量
高麗菜…4～5 片（200g）	
洋蔥…………………½ 個	🗑 1 人份為 570kcal
豬小肉片……………100g	🕐 調理時間為 15 分鐘
A ［ 中濃醬…………3 大匙	
［ 醬油…………2 小匙	

❶ 事前處理

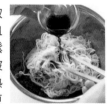

將油麵從袋中取出，放在耐熱器皿上，用保鮮膜鬆鬆地包住，放進微波爐（600W）加熱約 1 分鐘，讓麵更容易炒開。將麵取出放進調理盆中，灑上醬油，拌勻。高麗菜切成約 5cm 四方形，洋蔥則沿著纖維方向切成薄片。將 A 混合好。

❷ 炒

平底鍋中放入沙拉油，以中火加熱，再依序放入豬肉、高麗菜、洋蔥，用木匙輕輕壓住加熱約 1 分鐘，然後上下翻炒約 1 分鐘。在平底鍋的中間撥出空隙，放進油麵，用木匙輕輕壓住麵條約 1 分鐘，再用木匙和長筷子輕輕拌炒約 1 分鐘。

❸ 調味

再次於平底鍋中間撥出空隙，將 A 放進去。待調味料快要沸騰時，和油麵一起拌炒約 1 分鐘，讓麵條充分裹上醬汁。盛盤，放上紅薑。

【蘿蔔泥梅乾蕎麥涼麵】

大量的蘿蔔泥與梅乾的酸味，形成雙重的清爽感。
麵條裹上調味過的納豆，
因此不必用到麵醬，非常簡單。

材料（2 人份）

蕎麥麵（乾）············	200g
蘿蔔·················	¼ 根
梅乾·················	2 個
納豆·················	100g
醬油·················	2 大匙
細蔥·················	5 根

🍴 1 人份為 440kcal
🕐 調理時間為 15 分鐘 *

* 不含將水煮沸的時間。

❶ 事前處理

將蘿蔔磨成泥，放在濾網中輕輕瀝掉水分。梅乾去籽。納豆加上醬油後拌勻。細蔥切成蔥花。

❷ 麵煮好後清洗

鍋中放進充足的水量（約 2 公升）煮沸，把蕎麥麵放進去攪拌。再次沸騰後以稍強的中火約煮 6 分鐘（或是包裝標示的時間）。用濾網撈起，用流動的冷水冷卻，並加以揉洗，然後瀝乾（參考 P.87）。

❸ 盛盤

將麵條盛盤，放上蘿蔔泥、納豆、梅乾，撒上細蔥。

【油豆腐皮水菜烏龍涼麵】

高湯完全入味的油豆腐皮，以及口感清脆的水菜，
這些配料讓烏龍麵美味加倍！

材料（2 人份）

冷凍烏龍麵············	400g
油豆腐皮·········	1 片（30g）
水菜··············	30g

湯汁
- 高湯····3 杯（參考 P.98）
- 醬油·············· 2 大匙
- 味醂·············· 1 大匙

七味粉·············· 少許

🍴 1 人份為 370kcal
🕐 調理時間為 10 分鐘

❶ 事前處理

油豆腐皮以溫水清洗瀝乾，縱向對切後，再切成 1.5cm 寬（參考 P.59）。

❷ 調製湯汁

將湯汁的材料放進稍小的鍋中以中火加熱。煮沸後放進油豆腐皮約煮 2 分鐘後熄火。

❸ 煮烏龍麵

將烏龍麵放進平底鍋中，倒進 2 杯水。蓋上鍋蓋以大火加熱，煮沸後拿開鍋蓋，用長筷子攪散，用濾網撈起以冷水清洗（參考 P.87）。

❹ 盛裝

烏龍麵裝進碗裡，淋上❷，放上切成 5cm 長的水菜，撒上七味粉。

145

湯品的人氣食譜

湯品能將食材的原味發揮到極致，因此具有令人身心安定的力量。只要多放配料，即便是樸素的食譜也能大大提升滿足度。和風、洋風、中華風，美味盡在其中。

【雞丸子蘑菇湯】

鮮嫩的肉丸子讓雞肉的美味慢慢滲出。
菇類也吸飽了高湯，能品嘗到濃郁的好滋味。

材料（2 人份）
肉丸子
┌ 雞絞肉 ……………… 200g
│ 蛋 ………………………… 1 顆
│ 麵粉 ………………… 3 大匙
└ 鹽 ……………………… ¼ 小匙
金針菇 ………………… 50g
舞菇 ……………………… 50g

A ┌ 味醂 ………………… 2 大匙
  │ 醬油 ………………… 1 大匙
  └ 鹽 ……………………… ½ 小匙
細蔥 …………………… 適量

🍚 1 人份為 310kcal
🕐 調理時間為 25 分鐘

❶ 事前處理
切掉金針菇的根部，再切成 3cm 長。舞菇分成小朵。細蔥斜切成 3～4cm 長。將肉丸子的材料放進調理盆中，用手揉捏約 2 分鐘。

❷ 煮蘑菇
鍋中放進 2½ 杯的水，將❶的金針菇和舞菇放進去，以中火加熱。煮沸後轉成小火，約煮 3 分鐘。將 A 混合後放進去。

❸ 煮肉丸子
用湯匙舀起❶的肉丸子材料，再用另一把湯匙整理成一口大小的圓球狀，放進❷裡。全部放完後，再次轉成中

火，煮沸後轉成小火，隨時撈掉浮沫，約煮 8～10 分鐘。盛進碗裡，加上細蔥。

【蘿蔔豬肉湯】

蘿蔔和胡蘿蔔皆煮得鮮嫩且保留恰到好處的嚼勁，
再慢慢滲入豬肉的美味。

材料（2 人份）

豬五花肉（薄片）	150g
蘿蔔	200g
胡蘿蔔	½ 根（50g）
芝麻油	2 小匙
A ┌ 味噌	2 大匙
└ 醬油	1 大匙
蔥（使用綠色部分）	適量

🍚 1 人份為 400kcal
🕐 調理時間為 25 分鐘

❶ 事前處理

蘿蔔和胡蘿蔔皆切成 8mm 厚的扇形，蔥切成蔥花，豬肉切成 5 ～ 6cm 長。

❷ 炒

鍋中放進芝麻油，以中火加熱，放進蘿蔔和胡蘿蔔，約炒 2 分鐘。待油滲進蘿蔔後，放進豬肉，炒到顏色變白為止。

❸ 煮

倒進 3 杯水，煮沸後撈去浮沫，以小火約煮 10 分鐘。將 A 放進量杯中混合，再以湯杓舀進約 ½ 杓的湯汁加以稀釋，然後倒進鍋中輕輕攪拌，約煮 5 分鐘。盛入碗中，放上蔥花。

材料（2 人份）

蛋	1 顆
新鮮香菇	2 片
蘿蔔嬰	30g
高湯（參考 P.98）	2 杯
A ┌ 味醂	1 小匙
├ 鹽	½ 小匙
└ 醬油	½ 小匙
太白粉水	
┌ 太白粉	1 小匙
└ 水	2 小匙

🍚 1 人份為 60kcal
🕐 調理時間為 15 分鐘

❶ 事前處理

香菇去掉蒂頭，切成薄片。將蛋打進調理盆中，攪散（40～50 次／參考 P.62）。

❷ 煮

將高湯和 A 放進稍小的鍋中，煮沸後放進香菇，約煮 30 秒。將太白粉水拌勻後，以畫圓的方式倒進鍋中，再大大攪拌至呈濃稠狀。

❸ 放進蛋液

湯汁沸騰後，將一半的蛋液以畫圓方式細細地倒進去，靜置約 5 秒鐘，再以同樣方式將剩餘的蛋液倒進去。用長筷子大幅但慢慢地攪動後熄火。盛進碗裡，放上切掉根部的蘿蔔嬰。

【蛋花湯】

以輕飄飄的蛋花為主角的湯品，很樸素。
加了切成薄片的香菇，倍增香氣與口感！

【蛤蠣濃湯】

牛奶煮蛤蠣的經典湯品，可以品嘗到濃醇香的奶味。
請適當地調節火力，不要將牛奶煮沸，才能完整呈現風味。

材料（2 人份）
蛤蠣（帶殼）⋯⋯⋯⋯⋯200g
鹽水
┌ 鹽⋯⋯⋯⋯⋯⋯⋯ 1 小匙
└ 水⋯⋯⋯⋯⋯⋯⋯⋯⋯ 1 杯
洋蔥⋯⋯⋯⋯⋯ ¼ 個（50g）
馬鈴薯⋯⋯⋯ 1 個（150g）
奶油麵糊
┌ 奶油⋯⋯⋯⋯⋯⋯⋯ 2 大匙
└ 麵粉⋯⋯⋯⋯⋯⋯⋯ 2 大匙
奶油⋯⋯⋯⋯⋯⋯⋯⋯ 1 大匙
牛奶⋯⋯⋯⋯⋯⋯⋯⋯1½ 杯
鹽⋯⋯⋯⋯⋯⋯⋯⋯⋯ ½ 小匙
胡椒⋯⋯⋯⋯⋯⋯⋯⋯⋯少許
巴西里（切碎）⋯⋯⋯⋯適量

🍱 1 人份為 350kcal
🕐 調理時間為 20 分鐘 *

* 不含蛤蠣吐沙、奶油恢復常溫的時間。

❶ 事前處理

將蛤蠣泡在鹽水 30 分鐘以上吐沙，然後清洗瀝乾（參考 P.57）。讓奶油麵糊材料中的奶油恢復常溫，再放進麵粉揉拌。洋蔥和馬鈴薯皆切成 1cm 小丁狀。

❷ 先炒再煮

鍋中放進奶油，以中火加熱，放進洋蔥、馬鈴薯，約炒 3 分鐘。放進蛤蠣、½ 杯的水，煮沸，待蛤蠣打開後取出。倒進牛奶，快要煮沸前轉成小火，約煮 5 分鐘。

❸ 完成

用湯杓舀出 ½ 杓的湯汁，放進混合好的奶油麵糊中，使之充分融化後再放進鍋裡，攪拌使呈濃稠狀。將❷的蛤蠣倒回鍋裡，約煮 30 秒鐘，然後以鹽和胡椒調味。盛進碗中，撒上巴西里。

148

【義式蔬菜湯】

濃縮了 5 種蔬菜的美味，再加進培根和大蒜增添濃郁感，
是一道料多味美的湯品。

材料（2 人份）
馬鈴薯（男爵品種）⋯⋯150g
胡蘿蔔⋯⋯⋯⋯½ 根（100g）
洋蔥⋯⋯⋯⋯⋯½ 個（100g）
青椒⋯⋯⋯⋯⋯⋯⋯⋯⋯ 1 個
高麗菜⋯2～3 片（150g）
培根⋯⋯⋯⋯⋯⋯⋯⋯⋯ 3 片
蒜⋯⋯⋯⋯⋯⋯⋯⋯⋯⋯ 1 瓣
橄欖油⋯⋯⋯⋯⋯⋯⋯ 3 大匙
湯汁
┌ 鹽⋯⋯⋯⋯⋯⋯⋯⋯ 1 小匙
│ 醋⋯⋯⋯⋯⋯⋯⋯⋯ 1 小匙
└ 水⋯⋯⋯⋯⋯⋯⋯⋯⋯ 2 杯

🗑 1 人份為 400kcal
🕐 調理時間為 40 分鐘

❶ 事前處理
馬鈴薯縱向切成 4 等分，再切成 1cm
寬，泡水約 5 分鐘後瀝乾。胡蘿蔔切
成 1cm 厚的扇形。洋蔥切成 1.5cm 的
小丁狀。青椒縱向對切後去掉蒂和種
籽，切成 1.5cm 的正方形。高麗菜切
成 2cm 的正方形。培根切成 2cm 寬。
大蒜切成粗末。

❷ 先炒再煮
鍋中放進 2 大匙的橄欖油、蒜末，以
中火加熱，散發香氣後放進馬鈴薯、洋
蔥，約炒 2 分鐘。再放進 1 大匙的橄
欖油，然後放進培根快炒。再放進高麗
菜、胡蘿蔔續炒約 2 分鐘。

❸ 完成
放進湯汁的材料，將表面弄平，蓋上鍋
蓋。煮沸後放進青椒，再次煮沸後轉成
小火，蓋上鍋蓋煮 15～20 分鐘。

【西洋醋湯】

以奶油為溫和美味的蔬菜增添濃郁和風味！
香腸的濃厚滋味與醋的酸味是絕配。

材料（2人份）

維也納香腸··················
·················2～3根（60g）
洋蔥············· ½個（100g）
西洋芹的莖······1根（80g）
番茄·············· 1個（200g）
沙拉油···················· 1大匙
A ┌ 鹽····················· ½小匙
  └ 水·····················1½杯
奶油······················· 10g
醋························· 2小匙
黑胡椒（粗粒）··········少許

🗑 1人份為230kcal
🕐 調理時間為20分鐘

❶ 事前處理

香腸切成2cm寬，洋蔥切成1.5cm小丁狀，西洋芹削去纖維後切成1.5cm寬，番茄去蒂切成2cm塊狀。將A混合好。

❷ 先炒再煮

鍋中倒入沙拉油，以中火加熱，再加入香腸約炒1分鐘。待出現香氣後，放進洋蔥、西洋芹，約炒2分鐘後，放進番茄再續炒約2分鐘，然後倒進混合好的A。煮沸後轉成小火，邊去除浮沫邊煮約7～8分鐘。

❸ 完成

依序放進奶油、醋，攪拌使奶油融化。盛進碗中，撒上黑胡椒即可。

材料（2人份）

蛋液
┌ 蛋···················· 1顆
│ 雞絞肉················50g
└ 醬油················ 1小匙
玉米··················· 150g*
　　（罐頭／含奶油）
A ┌ 芝麻油··········· ½小匙
  │ 鹽··············· ½小匙
  └ 胡椒···············少許
太白粉水
┌ 太白粉··········· 2小匙
└ 水··············· 4小匙
細蔥···················適量

🗑 1人份為160kcal
🕐 調理時間為10分鐘

* 剩餘部分可以放進炒蛋或味噌湯中。

❶ 事前處理

將蛋打進調理盆攪散（40～50次／參考P.62）。放進絞肉、醬油後攪拌，做成蛋液。

❷ 煮好後勾芡

將玉米、1½杯的水、A放進稍小的鍋中，以中火加熱。煮沸後，攪拌一下太白粉水，然後以畫圓的方式倒進入，攪拌至呈濃稠狀。

❸ 放進蛋液即可

再次煮沸後，用湯杓舀起1杓❶的蛋液，以畫圓方式倒進去，約5秒鐘後，再以畫圓方式將剩餘蛋液倒進去。約煮20秒將絞肉煮熟，再用長筷子大幅攪拌後熄火。盛進碗裡，放上細蔥即可。

【玉米濃湯】

用拌進雞絞肉的蛋花來提升美味！
可以品嘗到玉米的甘甜，是一道滋味濃郁的湯品。

第 **5** 堂課

醬汁 & 醬料

相信每道菜你都很上手了，
那麼，接下來介紹幾種不費工夫
就能讓料理美味升級的食譜吧。
這下更能大顯身手了！

調製「日式醬汁」

平時想吃到滋味深邃的料理，就要靠手工製作的醬汁了。可以直接淋上，也可以像調味料一般使用！讓你端出屬於自己的原創美味！

【和風黑醬】

只用醬油和味醂調味。
小火慢煮後充分收汁，就可以長期保存。

材料（容易烹煮的分量＊）
金針菇⋯⋯⋯⋯⋯⋯⋯300g
烤海苔（整片）⋯⋯⋯⋯4 片
醬油⋯⋯⋯⋯⋯⋯⋯⋯6 大匙
味醂⋯⋯⋯⋯⋯⋯⋯⋯4 大匙

🗑 總共為 340kcal
🕐 調理時間為 15 分鐘

＊ 完成後約為 300ml。

❶ 事前處理
切掉金針菇的根部，再切成 1cm 長。海苔則撕成 1 ～ 2cm 的四方形。

❷ 煮
將❶、醬油、味醂放進鍋中混合，蓋上鍋蓋，以中火加熱，約煮 3 分鐘。掀

開鍋蓋，上下翻炒，邊攪拌邊煮 4 ～ 5 分鐘至湯汁幾乎收乾為止。

○ 保存
放進密封容器中，放涼後蓋起來放進冰箱冷藏，請在 3 週內食用完畢。

○ 應用篇
可以用於炒飯的調味，也可以淋在汆燙白肉上。也推薦應用於義大利麵，或是和切成塊狀的番茄、汆燙菠菜等一起混合做成拌菜。倒上熱水，就是一道速食湯品了。

放在飯上
將「和風黑醬」放在熱呼呼的飯上，海苔的香氣立即散發出來。也可用於茶泡飯。

使用和風黑醬

和風黑醬炒雞肉

材料（2 人份）
雞胸肉 1 片（200g） 胡蘿蔔 ½根（80g） 麵粉 1 大匙 沙拉油 1 大匙 和風黑醬 6 大匙

1 胡蘿蔔切絲。雞肉縱向對切，再切成薄片後，撒滿麵粉。
2 平底鍋中放進沙拉油，以中火加熱，將雞肉皮面朝下一片一片放進鍋中。雞肉四周放上胡蘿蔔絲後，靜置約 2 分鐘。上下翻面，約拌炒 1 分鐘。
3 放進和風黑醬，全體拌勻。

1 人份為 330kcal
調理時間為 10 分鐘

152

【萬能大蒜醬油】

利用蠔油和芝麻油，能讓醬油的濃郁和風味加倍！
切成粗末狀的大蒜口感極佳，靜置一天更加入味。

材料（容易調製的分量＊）

蒜	4 瓣
醬油	6 大匙
蠔油	6 大匙
醋＊＊	4 大匙
砂糖	2 大匙
酒	2 大匙
芝麻油	2 大匙

🗑 總共為 580kcal
🕐 調理時間為 5 分鐘 ＊＊＊

＊ 完成後約為 300ml。
＊＊ 建議使用味道清淡的穀物醋。
＊＊＊ 不含放進冰箱冷藏、入味的時間。

❶ 事前處理
將大蒜切成粗末狀。

❷ 混合
將大蒜及所有的材料全部放進調理盆中，用橡皮刮刀充分攪拌。放進冰箱冷藏 1 天入味。

⭘ 保存
以密封容器裝好後放進冰箱冷藏。請在 1 個月內食用完畢。

⭘ 應用篇
很有烤肉醬的感覺，因此可以用於肉類的預先調味，也可以當成肉類的沾醬。當成中華風的沙拉醬也可以。放在鮪魚生魚片旁，或是淋在水煮蛋上，都令人食指大動！

淋在豆腐上
將「萬能大蒜醬油」拌勻，淋在豆腐上，就變成濃郁的中華風涼拌豆腐了。

【鹹甜花生醬】

將花生醬和調味料混合即可。這種異國風的滋味，
讓餐桌上的演出更豐富了。也可隨個人喜好加上辣油。

材料（容易調製的分量＊）
花生醬（加糖／顆粒型）
　　　　　6 大匙（約 80g）
砂糖 2 大匙 ＊

	醬油	3 大匙
A	醋	1 大匙
	水	1 大匙

🗑 總共為 620kcal
🕐 調理時間為 5 分鐘

＊ 完成後約為 150ml。
＊＊ 花生醬太甜的話，砂糖就減少 1 大匙。

❶ 拌花生醬
將花生醬放進調理盆中，用橡皮刮刀攪拌約 1 分鐘，香氣更佳。

❷ 混合
放進砂糖，充分拌勻，使之融入花生醬中。再將 A 一點一點放進去，攪拌到呈滑順狀態為止。

⭘ 保存
以密封容器裝好後放進冰箱冷藏。請在 3 週內食用完畢。

⭘ 應用篇
可以淋在燙青菜、油豆腐、高麗菜沙拉上。也可塗在烤飯糰上，用來替煎好的魚和肉調味也 OK。變硬的話，用少量的水或牛奶使之融化即可。

當成日式年糕的沾醬
不論利用火烤，或是利用烤箱、平底鍋，只要將日式年糕烤成金黃色後，趁熱淋上「鹹甜花生醬」即可。

手做「西式醬料」

事先調製好白醬或紅酒醬，就能隨時在家享用洋食餐廳的經典好料了。只要依照步驟進行，保證第一次就上手！可以用方便取得的食材製作。

【白醬】

奶油系料理不可或缺的白醬。只要掌握要訣，就能做得滑順爽口。
可以多做一些放進冰箱冷凍，非常方便。

材料（容易調製的分量＊）
奶油⋯⋯⋯⋯⋯⋯⋯⋯⋯⋯50g
麵粉⋯⋯⋯⋯⋯⋯⋯⋯⋯⋯30g
牛奶⋯⋯⋯⋯⋯⋯⋯⋯⋯⋯2½ 杯
鹽⋯⋯⋯⋯⋯⋯⋯⋯⋯⋯⋯½ 小匙
胡椒⋯⋯⋯⋯⋯⋯⋯⋯⋯⋯少許

🗑 總共為 840kcal
🕐 調理時間為 15 分鐘

＊ 完成後約為 450ml。

❶ 炒麵粉

奶油切成 1cm 小丁狀，放進稍小的鍋中，以中火加熱，待完全融化後，將麵粉放在濾網中，邊搖動濾網邊將麵粉篩進鍋中。用橡皮刮刀迅速拌炒約 1 分鐘。

❷ 加進牛奶

將鍋子拿離火源，放在濕布上，倒進約 1 大匙的牛奶，快速攪拌，如此重複 3 ～ 4 次。待整體呈柔滑狀態後，將剩下的牛奶分 2 ～ 3 次倒進去，每一次都確實拌勻。

❸ 煮

牛奶全部倒進去後，再次以中火加熱，邊攪拌邊煮。待煮沸冒泡後，再續煮 2 ～ 3 分鐘且不斷地攪拌。煮到濃稠且呈膨脹狀、用橡皮刮刀攪拌時能看見鍋底後，加鹽和胡椒拌勻即可。

⭕ 保存

裝進密封容器中，放涼後蓋上蓋子，放進冰箱冷藏；或是裝進夾鍊袋中，冰涼後再放進冰箱冷凍。冷藏的保存期限約 2 週，冷凍則約 1 個月。使用冷凍的白醬時，請先自然解凍；如果是烹煮燉物就直接放進去燉煮。

⭕ 應用篇

煮好後（或是用微波爐加熱後），可以用來拌義大利麵或放在燙青菜旁邊。也可以塗在麵包上、再放上火腿和起司一起烤都很棒。用牛奶稀釋後，當成歐姆蛋的醬汁也不賴！

淋在綠花椰菜上
綠花椰菜汆燙後，淋上大量剛做好的「白醬」（或是用微波爐加熱），邊拌邊吃，超讚！

使用白醬

牛奶燉煮鮮蝦蕪菁

材料（2人份）

蝦子（無頭／帶殼）8隻（150g） 鹽和胡椒各適量 麵粉2小匙 蕪菁3～4個（200～250g） 蕪菁的葉子（鮮嫩的部分）適量 鴻喜菇100g 奶油20g 白醬1杯

1 蝦子去殼後，在背部劃刀並去掉泥腸，清洗後用廚房紙巾擦乾，撒上少量的鹽和胡椒，再撒上麵粉。蕪菁縱向切成4等分，葉子切成4～5cm長。鴻喜菇去掉蒂頭，分成小朵狀。

2 鍋中放奶油，以中火加熱融化，再放蝦子、鴻喜菇下去約炒1分鐘後熄火，取出放在平底方盤上。

3 在**2**的鍋中放進1杯水和蕪菁，再次以中火加熱。煮沸後蓋上鍋蓋，以小火約煮10分鐘。放進白醬融化，再放回蝦子和鴻喜菇，放進蕪菁的葉子，轉成中火，煮沸後再轉成小火約煮5分鐘。以少許的鹽和胡椒調味。

1人份為350kcal
調理時間為30分鐘

【紅酒醬】

以大火一氣熬成，
酒精成分蒸發了，葡萄酒的風味變得更溫和。
蜂蜜的芳甜和濃郁，讓滋味更深邃。

材料（容易調製的分量＊）

紅酒·····························1½杯
蒜·································2瓣

A 醬油·····························8大匙
蜂蜜·····························6大匙
醋·································3大匙

🗑 總共為730kcal
🕐 調理時間為15分鐘

＊完成後約為200ml。

❶ 混合材料

大蒜切成碎末。將蒜末和A放進平底鍋中，以橡皮刮刀混拌，再倒進紅酒繼續攪拌。

❷ 熬煮

以大火加熱❶，輕輕攪拌，煮沸後撈去浮沫，然後熬煮約8分鐘，煮至醬汁的量減半為止。

⭕ 保存

裝進密封容器中，放涼後蓋上蓋子，放進冰箱冷藏。請在1個月內食用完畢。

⭕ 應用篇

可以淋在嫩煎肉排和水煮蛋上。它和洋蔥、芝麻菜、綜合嫩生菜等香氣宜人的蔬菜，以及優格、冰淇淋等乳製品都很搭。也可用來當成煮物的調味料和燒烤物的醬料等。

淋在烤牛肉上
將市售的烤牛肉裝盤，旁邊放上切成薄片的洋蔥和水芹，再淋上「紅酒醬」即可。

新手的「菜單」教學

敏子的搞笑劇場②
三菜一湯

就醬寫！

奶奶教我什麼是「三菜一湯」喔！

啊，那個我也知道！

就是指果汁加三個漢堡，對吧？

好可惜！

咦？好可惜？

哇哩咧

不，其實一點都不可惜！

因為那樣就吃太多了⋯⋯

基本菜單「三菜一湯」，
指的是三道菜加一道湯。
其實也可以發揮創意自行變化喔！

一道主菜，兩道使用蔬菜做成的副菜，外加一道湯品，如此樸素的菜單組合也很 OK！主菜可選擇肉類或魚類，副菜則可多加變化，原則上宜採用與主菜不同的食材和調味。主菜的配料很多或是湯品的配料豐富時，不妨減少副菜。

主菜

薑燒豬肉（P.104）

炸竹筴魚（P.119）

鮮嫩多汁漢堡肉（P.110）

+

副菜

小松菜拌芥末（P.92）

番茄沙拉（P.27）

馬鈴薯沙拉（P.128）

+

湯品

蘑菇味噌湯（P.100）

蘿蔔豬肉湯（P.147）

蛋花湯（P.147）

新手易犯的「NG &失敗」

敏子的搞笑劇場③
動作快！

為了咻咻咻咻搞定，媽咪要施展功夫囉！

嗯！酷！

呼啦！

啪嚓！

拉麵！

拉麵！

是耶……

咬不斷耶

一味追求「快速」是失敗的主因。
請掌握各種料理的烹調要訣！

「做得快」不等於「做得好」！有些料理就是要「慢慢煮」才好吃。本書食譜全是為了讓新手不失敗而精心製作的，只要確實依照步驟、分量和火候等指示，就不會手忙腳亂了。有時候必須讓食材放一會兒再煮，或是按部就班地依序下鍋，才能做出美味的料理。當然，食譜上所寫的重點千萬別漏掉了！

炒菜時，把菜一起
下鍋後快炒，NG！

失敗！

菜葉部分炒太久，
變得爛爛的⋯⋯
（正確做法請參考 P.70）

麵衣的部分，依序
快速沾上麵粉、蛋、
麵包粉，NG！

失敗！

炸豬排的麵衣會脫落，
肉質也會變硬⋯⋯
（正確做法請參考 P.79）

炒飯時把飯整坨
放進鍋裡快炒，
NG！

失敗！

不容易炒開，顏色
也不均勻⋯⋯
（正確做法請參考 P.139）

素材料理索引

 肉

雞肉

黑胡椒雞胗 109
嫩煎雞肉佐番茄醬 66
茶碗蒸 83
鹽煎雞翅 67
海苔雞翅 113
雞湯麵線 101
雞肉鴻喜菇炊飯 138
蒸雞肉佐馬鈴薯 83
嫩煎雞肉佐芝麻醬 107
和風黑醬炒雞肉 152
炸雞塊 78
照燒雞腿 106
蒲燒風海苔捲雞柳 107
韓式燒烤雞肝佐蔬菜 108

豬肉

苦瓜炒豬肉 130
醬汁炒麵 144
韭菜豆腐炒豬五花 120
炸豬排 79
蘿蔔豬肉湯 147
日式豬肉煎餃 111
味噌炒青椒拌豬肉 71
炸豬肉丸 113
薑燒豬肉 104
薑燒蔥鹽豬肉 105
鹽炒豬肉拌豆芽菜 70
汆燙白肉 112
青菜肉片淋蔥醬 89

牛肉

西洋芹炒牛肉 71
馬鈴薯燉肉 74

絞肉

鮮嫩多汁漢堡肉 110
玉米濃湯 150
雞丸子蘑菇湯 146
日式豬肉煎餃 111

豬肉燒賣 82
麻婆豆腐 121
魚香茄子 132

肉類加工品

培根拌炒牛蒡絲 131
小松菜炒香腸 131
義式烘蛋 125
奶油培根義大利麵 143
火腿蛋炒飯 139
西洋醋湯 150
義式蔬菜湯 149

海鮮

魚塊

鰤魚煮蘿蔔 116
法式奶油香煎鮭魚 67
義式水煮鱈魚 118

竹筴魚・鯖魚・秋刀魚

香料竹筴魚佐番茄醬 114
炸竹筴魚 119
味噌煮鯖魚 75
煮秋刀魚 116

魷魚・蝦子・章魚

烤魷魚 115
鮮蝦炒蘆筍 115
牛奶燉煮鮮蝦蕪菁 155
番茄辣醬鮮蝦 117
醋漬章魚佐小黃瓜 93
水煮魷魚拌細蔥 89

生魚片

海鮮散壽司 97
生魚片拼盤 57
細卷壽司 140

蛤蜊

蛤蜊濃湯 148

海鮮加工品

鮭魚卷壽司 141
水菜鯽仔魚沙拉 129

蔬菜

高麗菜・洋蔥・胡蘿蔔

洋蔥薄片沙拉 23
泡菜風味高麗菜 134
蒜香高麗菜沙拉 21
牛蒡沙拉 129
醬汁炒麵 144
胡蘿蔔咖哩泡菜 135
義式蔬菜湯 149
煎漬蔬菜 134
韓式燒烤雞肝佐蔬菜 108

馬鈴薯

蛤蜊濃湯 148
義式烘蛋 125
蒸雞肉佐馬鈴薯 83
馬鈴薯燉肉 74
馬鈴薯沙拉 128
義式蔬菜湯 149

青椒・紅椒

醬漬蘿蔔乾絲拌蔬菜 137
味噌炒青椒拌豬肉 71
青椒涼拌鹹海帶 26

番茄・小番茄

香料竹筴魚佐番茄醬 114
番茄辣醬鮮蝦 117
義式水煮鱈魚 118
嫩煎雞肉佐番茄醬 66
番茄沙拉 27
西洋醋湯 150

小黃瓜

醃小黃瓜 135
醋漬章魚佐小黃瓜 93
小黃瓜涼拌芝麻鹽 28

細卷壽司.................................140

南瓜‧茄子‧苦瓜
南瓜煮.................................133
苦瓜炒豬五花.............................130
魚香茄子...............................132

生菜‧西洋芹‧紅菜萵苣
醬漬蘿蔔乾絲拌蔬菜.........................137
西洋芹煮油豆腐皮...........................133
西洋芹炒牛肉..............................71
冬粉沙拉................................136
西洋醋湯................................150
青菜肉片淋蔥醬.............................89
生菜涼拌海苔沙拉............................30

綠蘆筍
鮮蝦炒蘆筍..............................115
煎漬蔬菜...............................134
水煮蘆筍佐溫泉蛋............................88

荷蘭豆‧四季豆
滑蛋荷蘭豆..............................127
涼拌四季豆...............................93

小松菜‧青江菜‧綠花椰菜
小松菜拌芥末..............................92
小松菜炒香腸.............................131
蒜炒青江菜...............................70
豆腐拌花椰菜沙拉............................92

蕪菁‧白菜‧蘿蔔
牛奶燉煮鮮蝦佐蕪菁..........................155
鰤魚煮蘿蔔..............................116
涼拌辣白菜...............................33
蘿蔔泥梅乾蕎麥涼麵..........................145

牛蒡‧蓮藕
牛蒡沙拉................................129
培根拌炒牛蒡絲............................131
煎漬蔬菜...............................134

山藥‧芋頭
燉芋頭..................................75
山藥佐山葵醬油.............................36

蔥‧細蔥‧韭菜
韭菜豆腐炒豬五花...........................120
薑燒蔥鹽豬肉.............................105
水煮魷魚拌細蔥.............................89

蘑菇
蛋花湯................................147
雞丸子蘑菇湯.............................146
雞肉鴻喜菇炊飯............................138
蘑菇味噌湯..............................100
火腿蛋炒飯..............................139
和風黑醬...............................152

豆芽菜‧水菜‧青紫蘇‧鴨兒芹
油豆腐皮水菜烏龍涼麵.........................145
鮭魚卷壽司..............................141
麩皮鴨兒芹清湯............................100
水菜魛仔魚沙拉............................129
奶油豆芽拌甜玉米............................88
鹽炒豬肉拌豆芽菜............................70
青菜肉片淋蔥醬.............................89

◙ 豆腐‧豆腐加工品
照燒油豆腐..............................122
油豆腐皮水菜烏龍涼麵.........................145
腐皮福袋...............................123
西洋芹煮油豆腐皮...........................133
煎豆腐................................122
韭菜豆腐炒豬五花...........................120
鹽蔥醬涼拌豆腐.............................59
豆腐拌花椰菜沙拉............................92
麻婆豆腐...............................121

◙ 乾貨‧海藻
醬漬蘿蔔乾絲拌蔬菜..........................137
海帶和柴魚片的「當座煮」........................99

冬粉沙拉................................136
煮羊栖菜...............................137

◎ 蛋
腐皮福袋...............................123
蛋花湯................................147
滑蛋荷蘭豆..............................127
義式烘蛋...............................125
奶油培根義大利麵...........................143
玉子燒................................127
茶碗蒸..................................83
玉米濃湯...............................150
火腿蛋炒飯..............................139
歐姆蛋................................124
水煮蘆筍佐溫泉蛋............................88
溏心蛋................................127

◙ 米‧飯‧麵‧義大利麵
油豆腐皮水菜烏龍涼麵.........................145
海鮮散壽司...............................97
鮭魚卷壽司..............................141
三角飯糰.................................96
奶油培根義大利麵...........................143
義大利香辣麵.............................142
醬汁炒麵...............................144
雞湯麵線...............................101
雞肉佐鴻喜菇炊飯...........................138
濃稠五分粥...............................97
火腿蛋炒飯..............................139
蘿蔔泥梅乾蕎麥涼麵..........................145
細卷壽司...............................140

◙ 其他
紅酒醬................................155
鹹甜花生醬..............................153
玉米濃湯...............................150
萬能大蒜醬油.............................153
麩皮鴨兒芹清湯............................100
白醬..................................154

五味坊 83

超圖解新手料理課

從洗菜、切菜到下鍋、調火候，新手必學的廚房基本功與基礎料理

原著書名	基本がわかる! ハツ江の料理教室
作　者	高木初江
監　修	小田真規子
譯　者	林美琪
特約編輯	劉綺文

總 編 輯	王秀婷
主　編	洪淑暖
版　權	向艷宇
行銷業務	黃明雪、陳彥儒

發 行 人	涂玉雲
出　版	積木文化
	104台北市民生東路二段141號5樓
	電話：(02) 2500-7696｜傳真：(02) 2500-1953
	官方部落格：www.cubepress.com.tw
	讀者服務信箱：service_cube@hmg.com.tw
發　行	英屬蓋曼群島商家庭傳媒股份有限公司城邦分公司
	台北市民生東路二段141號2樓
	讀者服務專線：(02)25007718-9｜24小時傳真專線：(02)25001990-1
	服務時間：週一至週五09:30-12:00、13:30-17:00
	郵撥：19863813｜戶名：書虫股份有限公司
	網站：城邦讀書花園｜網址：www.cite.com.tw
香港發行所	城邦（香港）出版集團有限公司
	香港灣仔駱克道193號東超商業中心1樓
	電話：+852-25086231｜傳真：+852-25789337
	電子信箱：hkcite@biznetvigator.com
馬新發行所	城邦（馬新）出版集團 Cite（M）Sdn Bhd
	41, Jalan Radin Anum, Bandar Baru Sri Petaling, 57000 Kuala Lumpur, Malaysia.
	電話：(603) 90578822｜傳真：(603) 90576622
	電子信箱：cite@cite.com.my

封面完稿	葉若蒂
內頁排版	優士穎企業有限公司
製版印刷	中原造像股份有限公司

城邦讀書花園
www.cite.com.tw

國家圖書館出版品預行編目（CIP）資料

超圖解新手料理課：從洗菜、切菜到下鍋、調火候,新手必學的廚房基本功與基礎料理 / 高木初江著；小田真規子監修；林美琪譯. -- 初版. -- 臺北市：積木文化出版：家庭傳媒城邦分公司發行, 民105.08
　面；　公分. --（五味坊；83）
譯自：基本がわかる! ハツ江の料理教室
ISBN 978-986-459-047-6(平裝)

1.食譜 2.烹飪

427.1　　　　　　　　　105011205

2016年（民105）7月28日　初版一刷　　　　　　　Printed in Taiwan.
售　價／NT$420
ISBN 978-986-459-047-6
版權所有‧翻印必究